分片线性分类器设计的新方法：组合凸线性感知器

冷强奎　李玉鑑　秦玉平　著

科学出版社

北京

内 容 简 介

本书系统论述了分片线性分类器的设计方法及相关问题。全书共六章：第1章介绍分片线性分类器的发展历程和演化趋势，以及传统的分片线性分类器的设计方法，并对其优缺点进行分析和总结；第2章详细论述该领域的最新研究成果，即组合凸线性感知器这一通用理论框架；第3～6章分别从分类精度提升、分类模型简化、克服数据可分性限制和新框架设计等方面论述组合凸线性感知器框架的改进之处和完善策略，这其中包含作者的大部分工作。

本书适合从事人工智能与机器学习等领域研究的科研人员，以及相关专业的硕士研究生和博士研究生参考。

图书在版编目（CIP）数据

分片线性分类器设计的新方法：组合凸线性感知器 / 冷强奎，李玉鑑，秦玉平著. —北京：科学出版社，2018.3

ISBN 978-7-03-056919-6

Ⅰ. ①分… Ⅱ. ①冷… ②李… ③秦… Ⅲ. ①数据处理 Ⅳ. ①TP274

中国版本图书馆 CIP 数据核字（2018）第 049714 号

责任编辑：王喜军 / 责任校对：彭珍珍
责任印制：吴兆东 / 封面设计：壹选文化

科 学 出 版 社 出版
北京东黄城根北街 16 号
邮政编码：100717
http://www.sciencep.com

北京厚诚则铭印刷科技有限公司 印刷
科学出版社发行　各地新华书店经销
*
2018 年 3 月第 一 版　开本：720×1000　1/16
2019 年 3 月第三次印刷　印张：8
字数：230 000
定价：98.00 元
（如有印装质量问题，我社负责调换）

前　　言

　　支持向量机（support vector machine，SVM）在 21 世纪之初取得了蓬勃的发展。它建立在统计学习理论和结构风险最小化原则基础之上，能够保证得到全局最优解，在解决小样本、非线性问题及高维模式识别等方面表现出许多特有的优势。然而对支持向量机核函数的选择通常缺乏一定的指导，并且隐式映射对空间度量变化的解释存在一定的困难。一个值得思考的问题是，如何在原输入空间构造分类器，能否在不使用核函数的情况下分开任意复杂的两类数据。解决此问题的一个有效策略是发展分片线性分类器，通过分片线性函数的逼近来得到好的分类效果。

　　分片线性分类器（piecewise linear classifier，PLC）是一种特殊的非线性分类器，它不需要根据数据集来设计参数，不需要假设样本的统计分布，并且能逼近各种形状的超曲面，具有很强的适应能力。上述优点使得分片线性分类器非常适合集成在小型侦察机器人、智能相机、嵌入式/实时系统以及各种便携设备中。

　　然而，分片线性分类边界的确定是一个复杂的全局优化问题，需要综合考虑分类误差与超平面数量等因素。传统的分片线性分类器设计方法包含委员会机、线性规划方法、局部训练方法、决策树方法、最大-最小可分性方法。并且在这些方法的基础上衍生出许多重要的模式识别与机器学习分支，如神经网络集成、分片多类支持向量机等。

　　组合凸线性感知器（multiconlitron）是最近提出的构造分片线性分类器的一个通用理论框架。它采用支持向量机的最大间隔思想，具有坚实的几何理论基础。为避免核函数选取困难，构造过程只在原输入空间进行，不使用特征空间映射，因此，在一定意义上它可被看做支持向量机的无核推广。作者一直从事组合凸线性感知器框架的研究，成果发表在 *Pattern Recognition*、*Knowledge-based Systems*、《自动化学报》《模式识别与人工智能》等国内外重要期刊上。2016 年，以上述成果为基础申报的国家自然科学基金和辽宁省博士科研启动基金已经获得批准。

本书将系统介绍组合凸线性感知器的理论方法及最新研究进展。全书共六章：第 1 章介绍分片线性分类器的发展历程和演化趋势，以及传统的分片线性分类器的设计方法，包括委员会机、线性规划方法、局部训练方法、决策树方法、最大-最小可分性方法、组合凸线性感知器，并对其优缺点进行分析和总结；第 2 章详细论述组合凸线性感知器这一通用理论框架，该框架定义了凸可分、叠可分和凸线性感知器等核心概念，并证明对于任意两类叠可分（即两类间不存在公共点）的数据，它能够实现有效的划分；第 3~6 章分别从分类精度提升、分类模型简化、克服数据可分性限制和新框架设计等方面论述组合凸线性感知器框架的改进之处和完善策略，这其中包含作者的大部分工作；最后，对未来研究工作作出展望。

本书的出版得到了国家自然科学基金（61602056）、辽宁省博士科研启动基金（201601348）的支持和资助，在此深表谢意；感谢东北财经大学杨兴凯教授、辽宁工业大学谢文阁教授、渤海大学马靖善教授对本书提出的建议和意见；感谢谢菲尔德大学的 Harrison 教授及 St. George 图书馆提供的珍贵科研资料。同时，向本书所引用文献的作者表示衷心的感谢。

由于作者水平有限，书中难免会有疏漏之处，敬请广大读者批评指正。来函请发至 qkleng@gmail.com。

作　者

2017 年 10 月

本书所用符号及含义

$\mathbf{R}^n$	n 维欧氏空间
$\mathbf{R}$	全体实数集合
$CH(S)$	集合 S 的凸包
$|S|$	集合 S 的基数
$(x \cdot x')$	x 与 x' 的内积运算
$\|\cdot\|$	2-范数
C	处罚参数
ξ	松弛变量
ω	$\mathbf{R}^n$ 中的权向量
ω_i	权向量第 i 个分量
$d(\cdot)$	欧氏距离函数
$K(x, x')$	核函数
ϕ	空间映射
α	Lagrange 乘子
α_i	Lagrange 乘子第 i 个分量

目　　录

第1章 绪 论

1.1 分片线性分类基础

模式识别（pattern recognition）是指对表征事物或现象的各种形式信息（如数值、文字或逻辑关系等）进行处理和分析，并最终用于描述、辨认、分类和解释的过程[1]。人通过自己的感官从外界获取信息，经过思维、分析、判断，建立对客观世界的认识，这是一个自然的模式识别过程。具体来讲，收听广播是在做语音识别，阅读报纸是在做文字识别，观看照片是在做图像识别[2]。

随着 20 世纪 40 年代计算机的出现及 50 年代人工智能的兴起，人们希望用计算机来代替或扩展人类的部分脑力劳动。在这种形势下，模式识别在 60 年代迅速崛起并形成一门新学科，成为信息科学和人工智能的重要组成部分[1]。经过几十年的发展，模式识别研究已经取得了大量成果，在诸多领域实现了成功应用[3, 4]，如医学图像分析、自然语言处理、生物特征识别、文本分类、信用度评价等。

一个典型的模式识别系统由四个递进的阶段组成：模式输入、特征提取和选择、分类器设计、系统评估[5, 6]。模式输入通常由传感器来完成，获取的内容和质量在很大程度上依赖于传感器的特性和局限。特征提取和选择要对原始数据进行变换和挑拣，得到最能反映分类本质的特征。分类器根据特征提取器得到的特征给一个被测对象赋予特定的类别标记。最后，系统对分类器性能做出评估。图 1-1 给出了模式识别系统设计的基本步骤，虚线箭头表示某些系统可以采用反馈机制。

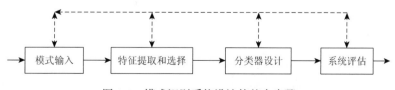

图 1-1 模式识别系统设计的基本步骤

分类器设计是模式识别系统构建的关键环节，其目的在于根据给定的观测或训练数据学习分类规则，获得分类模型或函数，实现对未见样本的预测，并达到尽可能好的泛化能力（generalization ability），即准确预测新样本或未见样本的能力。广义地讲，任何一种设计分类器的方法，只要它利用了训练样本的信息，都可以认为是运用了学习算法[6]。学习算法通常有三种形式，即监督学习、无监督学习和强化学习。监督学习和无监督学习根据学习过程中有无教师信号（类别标签）来区分，而强化学习是指从环境状态到动作映射的学习，以使动作从环境中获得的累积奖赏值最大，它的最优行为策略是通过试错来发现的[7]。

有监督分类是设计分类器时使用最广泛的一种方法，它以训练数据中的类别标签信息为指导，通过分类模型或函数的不断优化和完善来达到在测试数据上的良好预测性能。典型的有监督分类方法包括人工神经网络、支持向量机、最近邻法、决策树、Adaboost 等。

尽管一个过分复杂的分类模型单纯对训练样本集能获得近乎完美的表现，但对于新样本则可能不令人满意，这种情况称为过拟合（overfitting）。为了获得较好的泛化能力，在分类器设计时要考虑折中调整模型的复杂程度：既不能太简单以至于不足以描述模式类间的差异，又不能太复杂而对新样本的分类能力有限。

支持向量机（support vector machine，SVM）[8, 9]是上述折中思想的完美体现者。它建立在统计学习理论（statistical learning theory）的 VC 维（Vapnik-Chervonenkis dimension）理论和结构风险最小化（structural risk minimization）原则（图 1-2）的基础之上，根据有限的样本信息在模型复杂性和学习能力（即无错误地识别任意样本的能力）之间寻求最佳折中，以期获得好的泛化能力。它能够保证得到全

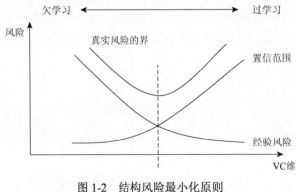

图 1-2 结构风险最小化原则

局最优解，在解决小样本、非线性及高维模式识别中表现出许多特有的优势[10]。SVM 已经取得了许多成功的应用[11-24]，一些快速算法被相继提出来[25-30]。随着 SVM 理论的发展，一些新的方法扩展了原有的基本模型[31-39]。

核函数在 SVM 中起着至关重要的作用，它通常能够隐式地在高维空间中求解线性可分问题。根据模式识别理论，低维空间中的线性不可分数据通过非线性映射后，在高维特征空间中则可能实现线性可分。但是如果直接采用这种技术在高维空间中进行分类或回归，则存在确定非线性映射的函数形式和参数等难题，并且会导致严重的"维数灾难"问题。而核函数通过将高维特征空间中的内积运算转化为低维输入空间的函数形式，从而巧妙地解决了上述难题。同时，核函数的形式和参数的变化会隐式地改变从输入空间到高维特征空间的映射，并对特征空间的性质产生影响，进而改变各种核函数方法的性能，最终为在高维特征空间解决复杂的分类或回归问题奠定了理论基础。

然而，核函数的选择通常缺乏一定的指导[40-44]，并且隐式映射对空间度量变化的解释存在一定的困难[39, 45]。对研究者来说，一个值得思考的问题是，如何在原输入空间设计分类器，能否在不使用任何隐式映射核函数的情况下，分开任意复杂的两类数据。解决此问题的一个有效策略是发展分片线性分类器，通过分片线性函数的逼近来得到好的分类效果。

分片线性分类器（piecewise linear classifier，PLC）是一种特殊的非线性分类器，它确定的决策面由若干个超平面段组成。因此，与一般超曲面相比，它仍然是简单的，而且不需要根据数据集来设计参数，不需要假设样本的统计分布。同时它能逼近各种形状的超曲面，具有很强的适应能力[46]。上述优点使得分片线性分类器非常适合集成在小型侦察机器人、智能相机、嵌入式/实时系统以及各种便携设备中[47]。

然而，分片线性分类器的设计也存在一定的问题，一般来说，分片线性分类器边界的确定是一个复杂的全局优化问题[48]。在大多数情况下，寻找这样的边界被转化为最小化分类误差函数问题。分片线性分类器的另一个设计目标是选择合适的超平面的数量，但往往这样的训练算法非常复杂，并且导致训练时间过长，这在一定程度上限制了它的应用。为了减少训练时间，并且避开解优化问题，许多启发式的方法被使用，但这些方法经验性太强，不利于推广。

组合凸线性感知器（multiconlitron）[49]无疑在分片线性学习领域迈出了坚实的一步。它是设计分片线性分类器的一个通用理论框架，吸收了 SVM 的优点，采用 SVM 的最大间隔思想，但不使用核函数，不进行空间映射，因此可看做 SVM 的无核推广。同时，它能够最小化训练集上的分类误差，并且动态地获得超平面数量。在标准数据集上的实验已经证实了组合凸线性感知器的有效性。下面首先介绍传统分片线性分类器的设计方法及组合凸线性感知器框架，使读者对分片线性学习的发展有更好的了解。

1.2　分片线性分类器的设计方法介绍

分片线性学习的核心是设计分片线性分类器，这是一项具有挑战性并且复杂的任务，是模式识别领域中的一个基本问题。通常，设计方法的研究主要集中在两个方面：一是最小化分类误差；二是适度选择超平面数量。在这两个目标指导下，一些设计方法被相继提出来，如委员会机、线性规划方法、局部训练方法、决策树方法、最大-最小可分性方法以及组合凸线性感知器等。下面分别针对每一种方法，简述其发展概况。

1.2.1　委员会机

早在 20 世纪 60 年代，Nilsson 就提出了委员会机（committee machine）的概念[50]。它是一个两层的布尔神经网络，其中每一个委员（即网络中的阈值逻辑单元，也可称为专家）根据计算结果进行二值投票，最后对所有单元的投票进行表决。委员会机可看做分片线性分类器的特殊形式，但它需要复杂的判别步骤，计算代价较大。70 年代，Meisel[51]对委员会机做了一些改进，通过最小化概率密度函数（probability density function）来解决超平面的放置问题，但这种改进对密度函数的评估仍然存在困难。委员会机的一般结构如图 1-3 所示。

20 世纪 90 年代，委员会机开始受到广泛关注，一些改进和提高被相继提出来。集成平均（ensemble averaging）方法[52, 53]通过引入 Cauchy 不等式证实了使用集成平均得到的预测误差要小于或等于原始委员会机的预测误差。随着研究的深入，人们发现如果通过某种扰动使得委员之间的相关性降低，那么委员会方法的泛化

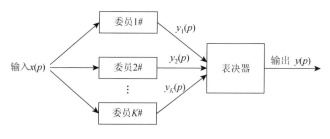

图 1-3　委员会机的一般结构

性能能够得到进一步提高。基于这种思想，Breiman[54]提出了经典的 Bagging （bootstrap aggregation）方法，该方法通过可重复取样（bootstrap sampling）来增加网络的差异度，从而提高泛化能力。Boosting[55, 56]是训练委员会机的另外一种方法，它的各个预测函数只能顺序生成，并且各轮训练集的选择与前面各轮的学习结果有关。但 Boosting 方法需要大规模数据来执行训练，导致其在解决实际问题中表现并不理想。AdaBoost[57]的提出能够在一定程度上解决上述问题，它结合了 Boosting 和 Bagging 两种方法，不需要使用大规模的训练集。AdaBoost 能够非常容易地应用到实际问题中，它已成为目前最流行的 Boosting 方法。关于 Bagging 与 Boosting 的区别，在文献[58]和[59]中已经有详细介绍，这里就不再赘述。另一种类型的委员会机称为混合专家模型（mixture of experts）[60]，它采用分而治之的模块化策略，由不同的委员负责建模输入空间的不同区域。与集成平均方法不同的是，在混合专家模型中，输入会对输出产生一定的影响，这种影响通过加到输入上面的选通网络（gating network）来实现[58]。

需要说明的是，早期委员会机中的委员可能只是一个神经元，而后来的诸多方法均使用神经网络作为投票或评估委员。目前，许多方法已经不再称为委员会机，而是形成了一个新的概念，即神经网络集成[61]或集成学习[62]。随着该概念的提出和明确，集成方法已经构成了一个新的研究领域和方向，并且取得了蓬勃发展。

本书引入委员会机的目的有两个：一是它可以看做早期的分片线性分类器，而集成平均、Bagging、Boosting、混合专家模型这些流行方法与它一脉相承，都可以看做它的推广和发展；二是引出分片线性分类器与神经网络存在一定的关联。Vriesenga 和 Sklansky[63]指出，任意一个分片线性分类器均能设计为一个 3 层的神经网络。其中，第 1 层使用多个超平面将输入空间划分为多个区域，第 2 层标定每个区域的类别，第 3 层将多个区域组合起来进行决策。分片线性分类器与神经网络的对应关系如图 1-4 和图 1-5 所示。

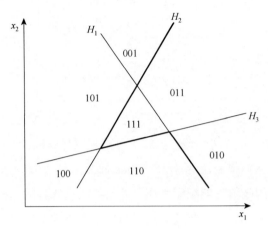

图 1-4　超平面划分的例子

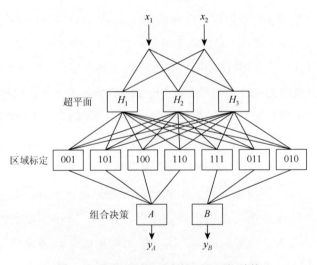

图 1-5　超平面划分对应的 3 层网络结构

由于委员会机是一种网络结构，因此它也存在人工神经网络所共有的缺点，如模型难以构建、委员个数不易确定、网络训练依靠经验等。

1.2.2　线性规划方法

1968 年，Mangasarian[64]提出了一种多平面模式分类技术，该技术基于线性规划方法（linear programming）[65]，通过使用一系列平行平面来实现对模式类的划分。令 $\mathbf{R}^n$ 表示 n 维欧氏空间，X 和 Y 表示 $\mathbf{R}^n$ 中的两个模式集，$\theta(x)$ 表示 $\mathbf{R}^n$ 上的线性函数。一对适当放置的平行平面可将 X 和 Y 分为 2 部分或 3 部分，如图 1-6 所示。其中，图 1-6（a）表示线性可分情况，图 1-6（b）表示线性不可分情况。

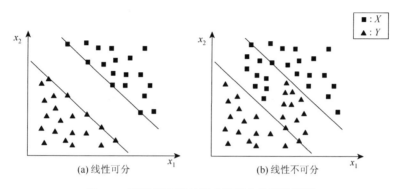

图 1-6　平行超平面对模式集划分的两种情况

引入常数 α 和 β，一对平行平面可表示为 $\theta(x)=\alpha$ 和 $\theta(x)=\beta$，如果它们不能对模式类进行正确划分，那么需要考虑设计一组平行平面对，表示为 $\theta_i(x)=\alpha_i$，$\theta_i(x)=\beta_i(i=1,2,\cdots,m)$。针对 i 的每一个取值，求解线性规划问题 $\min(\beta_i-\alpha_i)$，约束条件为 $\theta_i(A)\geqslant\alpha_i$ 和 $\theta_i(B)\leqslant\beta_i$，$A$ 和 B 分别表示 X 和 Y 对应的模式矩阵。如果能够完全划分，则满足 $\alpha_i\leqslant\beta_i(i=1,2,\cdots,m-1)$ 和 $\alpha_m>\beta_m$；否则，$\alpha_i\leqslant\beta_i(i=1,2,\cdots,m)$，此时需要再增大 m 的值以达到最终效果。在实现完全划分后，最后的一对平行平面可合并为一个超平面，即 $\theta_m(x)=\lambda\alpha_m+(1-\lambda)\beta_m(0\leqslant\lambda\leqslant1)$，如图 1-7 所示。

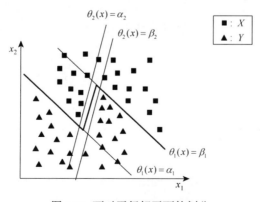

图 1-7　两对平行超平面的划分

在两个模式类为线性可分的情况下，求解分类超平面可以转化为下面的线性规划问题：

$$\varphi(A,B) = \max_{w,\alpha,\beta} \left\{ \alpha - \beta \,\middle|\, Aw - e\alpha \geq 0, -Bw + e'\beta \geq 0, e'' \geq w \geq -e'' \right\} \quad (1\text{-}1)$$

式中，e、e'、e'' 分别表示不同维度、元素全为 1 的列向量；$w \in \mathbf{R}^n$。如果式（1-1）的解为（$\bar{w},\bar{\alpha},\bar{\beta}$），然后令 $\gamma = \lambda\bar{\alpha} + (1-\lambda)\bar{\beta}(0 \leq \lambda \leq 1)$，那么得到的分类超平面为

$$\bar{w} \cdot x - \gamma = 0 \quad (1\text{-}2)$$

式中，" $\cdot$ "表示两个向量的内积运算，当 X 和 Y 为线性不可分时，可得到 $\varphi(A,B)=0$。在这种情况下，考虑得到有效解，需要使平行平面尽可能彼此靠近对方，另增加一个非凸限制条件 $w \cdot w \geq 1/2$，从而解一个非线性规划问题：

$$\psi(A,B) = \max_{w,\alpha,\beta} \left\{ \alpha - \beta \,\middle|\, Aw - e\alpha \geq 0, -Bw + e'\beta \geq 0, e'' \geq w \geq -e'', w \cdot w \geq \frac{1}{2} \right\} \quad (1\text{-}3)$$

由于缺乏解非凸问题的有效方法，所以式（1-3）还需要进一步转化为

$$\psi(A,B) = \max_{w,\alpha,\beta} \left\{ \alpha - \beta \,\middle|\, Aw - e\alpha \geq 0, -Bw + e'\beta \geq 0, \right.$$
$$\left. e'' \geq w \geq -e'', p \cdot w \geq \frac{1}{2}\left(\frac{1}{2} + p \cdot p\right) \right\} \quad (1\text{-}4)$$

式中，$p \in \mathbf{R}^n$ 且 $p \neq 0$，还要满足 $e'' \geq p \geq -e'', p \cdot p \geq 1/2$。经过转化后，式（1-4）又变为一个线性规划问题。在迭代求解过程中不断缩小训练集的规模，直到实现完全分离。文献[66]中详细分析了使用线性规划解非凸问题的时间复杂度，认为式（1-3）中的非凸模型至多通过 $2n$ 次线性规划便可在多项式时间内求得最终解。

多平面方法将求解重心放在判断模式类间的分离性上，从而忽略了为分类超平面计算合适的权重问题，致使分类精度不高。Smith[67]通过引入固定增量自适应方法（fixed-increment adaptive method）来求解新的线性规划问题，该方法以最小化分类误差为目标，并不单纯追求模式类之间的分离性。Takiyama[68]使用梯度下降方法来直接求解式（1-3）的非凸优化问题，并且计算速度提升明显。Herman 和 Yeung[69]提出一个相似的线性规划方法来设计多平面分类器，通过引入线性异常索引函数（linear abnormality index function）来实现模式类间的完全分割。

　　混合整数线性规划模型（mixed integer linear programming model）[70-72]是近年来提出的求解分片线性分类器的新方法，它采用并发的方式优化判别函数的参数，并且这些判别函数可以是任意的形式，只要参数表现为线性即可。但该方法不能得到适度的超平面数量，分类精度还有待提高。目前，基于线性规划的方法已经产生了许多变形，如线性全局优化[73]、分片多类支持向量机[74]、先验精度线性规划[75]等。这些新方法的目标也越来越明确，即期望得到好的分类函数，降低分类误差，增强泛化能力。

1.2.3 局部训练方法

　　1980 年，Sklansky 和 Michelotti[76]首次提出采用局部训练（locally training）方法来设计分片线性分类器。该方法认为实际模式类间的分类边界处在两类样本相互交叠或靠近的区域，这些区域称为交遇区（encounter zone），如图 1-8 所示。

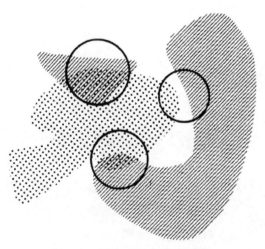

图 1-8　两模式类间的交遇区[76]

　　为找出交遇区并减小计算代价，局部训练方法将每类样本用 Forgy 算法[77, 78]分为若干个聚类。每个聚类的中心或靠近中心的一个样本，称为该聚类的原型（prototype），这样每个聚类可简化为原型表示。不同类别间的原型称为互对，如果互对之间的相互距离为最小，则此互对为紧互对原型对（close-opposed pair）。一般来讲，紧互对原型对都会位于两类样本的交遇区，基于这种考虑，使用紧互对原型对表示交遇区具有一定的合理性。局部训练方法首先需要找到最紧贴边界的紧互对原型对（v_1^M, v_2^N），并使用它们产生一个初始的分类面，即该原型对的垂直平分面，可表示为

$$\left[x - \frac{1}{2}(v_1^M + v_2^N) \right]^{\mathrm{T}} (v_1^M - v_2^N) = 0 \qquad (1\text{-}5)$$

然后，计算得到被此超平面正确分类的所有紧互对原型对，并且使用它们中的所有样本进行局部训练，调整初始边界到适当位置，以获得最佳的分类超平面。接下来，从训练集中去掉被正确分类的原型并重复上述步骤，直到所有的原型都被划分完毕，最终会得到一组超平面。局部训练方法的直观解释如图 1-9 所示。

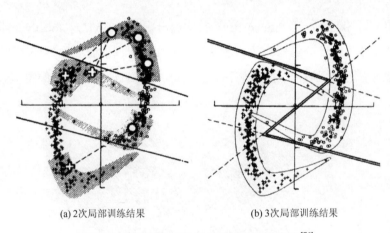

(a) 2次局部训练结果　　　　　　(b) 3次局部训练结果

图 1-9　局部训练中分片线性决策面的产生[76]

使用聚类可能导致算法对数据空间分布结构敏感，另外，当 K 取值过小时，会使超平面数量增多。基于这两点考虑，在局部训练方法基础上，Park 和 Sklansky[79] 提出了一种极大切割 Tomek 链的方法，如图 1-10 所示。

Tomek 链即为互对的连线，也用来表示交遇区。该方法通过在每一局部执行最大切割实现对超平面数量的约减，这等价于一个优化问题：

$$\min J(V) = \sum_{i=1}^{p} |\operatorname{sgn}(v^t x_i') + \operatorname{sgn}(v^t y_i')|^2 \qquad (1\text{-}6)$$

式中，$\operatorname{sgn}()$ 表示符号函数；v^t 表示第 t 个特征的权重；x_i' 和 y_i' 表示 Tomek 链两端样本或原型 (x_i, y_i) 参数化后的特征向量；V 表示超平面 $H(V)$ 的权重向量。由于目

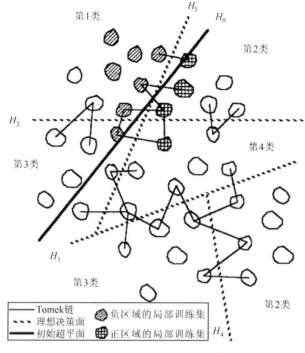

图 1-10　极大切割 Tomek 链的方法

标函数不连续、不可微，所以不能直接使用数学分析的方法对其进行最小化。此时，可考虑使用最小二乘超平面拟合来代替最小化符号函数，拟合的目标为 Tomek 链的中点 m_k，并计算最优超平面：

$$\min J(V) = \sum_{i=1}^{q} |v^t m_k'|^2 \tag{1-7}$$

但是最小二乘超平面拟合要进行大量的矩阵运算，如求逆等，当特征数很大时，计算很困难。在这种情况下，可使用梯度下降法来递归求解超平面的权重向量：

$$\hat{J}(v) = \sum_{i=1}^{p} |2 / \pi \arctan(c \cdot v^t x_i') + 2 / \pi \arctan(c \cdot v^t y_i')|^2 \tag{1-8}$$

需要说明的是，式（1-8）需要用到反曲函数逼近 $\mathrm{sgn}(v^t x') \approx 2 / \pi \arctan(c \cdot v^t x')$，并且 $v_{n+1} = v_n - \rho_n \nabla \hat{J}(v_n)$。

该方法一味追求切开最大数量的 Tomek 链，可能会引起欠拟合问题并出现严重的错分。Tenmoto 等[80]引入最小描述长度（minimum description length，MDL）

准则定量选取超平面的数量并实现对局部最大错误率 $E_{\max}$ 的控制：

$$\begin{cases} L_{\mathrm{MDL}} = L(X^N|\theta) + L(\theta|M) + L(M) \\ L(X^N|\theta) = \sum_{r=1}^{R} -\log_2 \theta_r^{N_r^+} (1-\theta_r)^{N_r^-} \\ L(\theta|M) = \dfrac{1}{2}(D+1)H(\log_2 N + \log_2 e) \end{cases} \tag{1-9}$$

式中，$L(X^N|\theta)$ 是训练样本集在参数 θ 下的描述长度；$L(\theta|M)$ 是参数 θ 的描述长度；$L(M)$ 是模型 M 本身的描述长度；假设样本空间分为 R 个子区域，那么 N_r^+、N_r^- 分别表示每一子区域中训练样本的数量、主类训练样本的数量、其余类训练样本的数量；D 是样本特征的数量；H 是超平面的数量；$\log_2 e$ 表示量化误差。当局部最大错误率 $E_{\max}$ 在 0~1 变化时，L_{MDL} 也相应发生变化，即超平面的数量也随之改变。最终可确定使 L_{MDL} 最小的 $E_{\max}$，通过它的值得到最合适的超平面数量。

除上述方法外，一些学者也提出类似于局部训练的方法来设计分片线性分类器。Pujol 和 Masip[45]提出了设计分片线性分类器的几何集成方法，该方法通过刻画边界点和引入线性平滑加性模型（linear smooth additive model）来训练并得到一个局部鲁棒的线性分类器集合。在这种几何思想的基础上，Gai 和 Zhang[81]使用一种新的判别分片线性模型进行分类。该模型通过两步进行分片线性分类器的设计，第一步对类间边界点进行采样，采样的结果得到了一个无参的决策面；第二步使用 Dirichlet 过程混合（Dirichlet process mixtures）模型进行分片线性化，并最终集成分片线性分类器。但该方法存在的一个不足是需要假设数据的潜在统计分布。

1.2.4　决策树方法

决策树（decision tree）是设计分片线性分类器的另一种方法，采用"分而治之"的策略。1996 年，Chai 等[82]提出了一种线性二叉树结构，在每个非叶子节点，使用遗传算法计算分类超平面。为使划分尽可能地充分，采用最大化噪声降低准则（maximum impurity reduction criterion）来优化每一次划分。该方法取得了不错的实验效果，但优化进程需要很长时间，且判别特征数量不够充分。

为了简化基于决策树的分片线性分类器的设计过程，2006 年，Kostin[47]提出并实现了一种多类分片线性分类器，并且将训练错误率控制在特定阈值之内。对于最简单的两类情况，首先生成二叉树节点，并分别计算每个节点中两类数据的中心，然后利用两个中心点设计超平面，统计局部错误率，最后将若干个超平面段合成分片线性分类边界。对于多类问题，首先根据各类中心点的欧氏距离划分为两组，然后依照组递归生成二叉树，这样多类问题就转化为两类问题。

图 1-11 给出了该方法的分类示意图。区域 R 中包含两类样本 X 和 Y，每类样本数量分别为 N_X 和 N_Y。这时可计算两类数据中心为 $m^X(R) = (m_1^X, m_2^X, \cdots, m_n^X)$ 和 $m^Y(R) = (m_1^Y, m_2^Y, \cdots, m_n^Y)$，其中，$m_i^X = 1/N_X \sum_{j=1}^{N_X} x_{ij}^X$，$m_i^Y = 1/N_Y \sum_{j=1}^{N_Y} x_{ij}^Y$。接下来通过计算两个中心的垂直平分面进而得到如下分类超平面：

$$f_1 = f(S \mid R) = \sum_{i=1}^{n} \left\{ (m_i^X - m_i^Y)x_i - \frac{1}{2}\left[(m_i^X)^2 - (m_i^Y)^2 \right] \right\} = 0 \qquad （1\text{-}10）$$

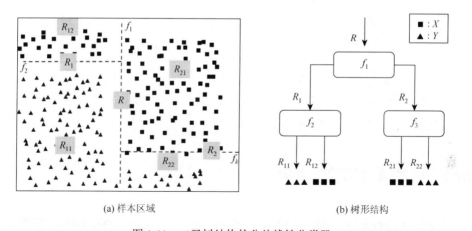

(a) 样本区域 (b) 树形结构

图 1-11 二叉树结构的分片线性分类器

式中，$S = X \cup Y$。f_1 将区域 R 分成两个子区域 R_1 和 R_2，并且 $f_1(S_j \mid R) \geqslant 0$，$S_j \in R_1$；$f_1(S_j \mid R) < 0$，$S_j \in R_2$。令 X_1 和 Y_1 为 R_1 区域中 X 和 Y 的子集，N_{X1} 和 N_{Y1} 为相应的样本数；令 X_2 和 Y_2 为 R_2 区域中 X 和 Y 的子集，N_{X2} 和 N_{Y2} 为相应的样本数。由此得到，超平面 f_1 的划分错误率为 $p_1 = (N_{X1} + N_{Y2})/(N_X + N_Y)$。如果 p_1 大于预先设定的阈值 $P_{\min}$，那么将在子区域中继续设计新的超平面来划分两类样本，直到局部错误率小于 $P_{\min}$ 或者设计的超平面总数超过设定的上限。

对于多类分类，Kostin 仍然采用常用的层次分割体制[83-85]：首先将多类样本分为两组，然后使用与两类分类算法相同的方式构建分片线性分类边界，并相应生成一棵二叉树。此时，叶子节点代表的不再是一个类，而是一个组，接下来判断组中包含的类别数量，如果为两类，则直接设计分类边界；如果超过两类，则需要再分组，并重复上述过程，直至得到最终的决策边界。

值得注意的是，分组进行的时机要先于分类边界的设计，并且采用不同的计算方式。假设 $H = \{S^j \mid j = 1,2,\cdots,M\}$ 表示各类中心的集合，根据欧氏距离将 H 分为两组，S^* 和 S^{**} 称为极值点，只要它们满足条件 $\mathrm{dis}(S^*, S^{**}) \approx \mathrm{diameter}(H)$ 即可，其中，$\mathrm{dis}()$ 表示距离函数，$\mathrm{diameter}()$ 表示取直径函数。然后根据极值点将 H 分为两个组 H_1 和 H_2，如果 $\mathrm{dis}(S^j, S^*) \leqslant \mathrm{dis}(S^j, S^{**})$，那么 $S^j \in H_1$；否则，$S^j \in H_2$。分组完成后，再利用两类分类算法设计分片线性分类边界，最终需要处理完全部只包含两类中心的节点。

在实验中，Kostin 使用该方法同一些典型的决策树方法（如 CART[86]和 C4.5[87]）进行了对比，结果证实了它的有效性。虽然 Kostin 认为该方法具有线性的时间复杂度，但这只是从类别数目的角度考虑，如果从特征数量上来看，它仍然是二次的，并且随着数据规模的增大，每个非叶子节点对应线性函数的存储也是一个问题。更为关键的是，如果局部错误率或者最大超平面数设置不当，那么会对分类精度产生严重的影响。

1.2.5　最大–最小可分性方法

2005 年，Bagirov[88]提出了最大–最小可分性（max-min separability）的概念。基于该概念，一个连续的分片线性函数能够被设计并用于确定分片线性分类边界。文献[88]中证明了一个关键结论，即对于任意两个不相交的有限集，它们一定是最大–最小可分的。这一结论为后续的方法提供了理论支撑，实际上，最大–最小可分可看做线性可分、双线性可分和多面体可分的推广。

对于 $\mathbf{R}^n$ 中的有限集 $A = \{a^1 \cdots a^i \cdots a^m\}(i = 1,\cdots,m)$ 和 $B = \{b^1 \cdots b^j \cdots b^p\}(j = 1,\cdots,p)$，如果 $A \cap B = \varnothing$，一组超平面 $H = \{\{x^{ij}, y_{ij}\}, j \in J_i, i \in I\}$ 可实现有效划分，其中，$x^{ij} \in \mathbf{R}^n$，$y_{ij} \in \mathbf{R}$，$j \in J_i$，$i \in I$；并且 $I = \{1,\cdots,l\}$，$l > 0$，$J_i \neq \varnothing$。这组超平面定义了下面的最大–最小函数：

$$\varphi(z) = \max_{i \in I} \min_{j \in J_i} \{x^{ij} \cdot z - y_{ij}\}, \quad z \in \mathbf{R}^n \qquad (1\text{-}11)$$

该函数要满足

$$\begin{cases} \forall a \in A, \quad \forall i \in I, \quad \min_{j \in J_i}\left\{x^{ij} \cdot a - y_{ij}\right\} < 0 \\ \forall b \in B, \quad \exists i \in I, \quad \min_{j \in J_i}\left\{x^{ij} \cdot b - y_{ij}\right\} > 0 \end{cases} \qquad (1\text{-}12)$$

可以看到，对于任意的 $a \in A$，$\varphi(a) < 0$；而对于任意的 $b \in B$，$\varphi(b) > 0$。对于给定的超平面集合，误差函数定义如下：

$$\begin{aligned} F(X,Y) = & \frac{1}{m} \sum_{k=1}^{m} \max\left\{0, \max_{i \in I} \min_{j \in J_i}\left\{x^{ij} \cdot a^k - y_{ij} + 1\right\}\right\} \\ & + \frac{1}{p} \sum_{t=1}^{p} \max\left\{0, \max_{i \in I} \min_{j \in J_i}\left\{-x^{ij} \cdot b^t + y_{ij} + 1\right\}\right\} \end{aligned} \qquad (1\text{-}13)$$

式中，$X = (x^{11}, \cdots, x^{l_{q_l}}) \in \mathbf{R}^{nL}$；$Y = (y_{11}, \cdots, y_{l_{q_l}}) \in \mathbf{R}^L$；$L = \sum_{i \in I} q_i$，$q_i = |J_i|$（表示集合 J_i 的基数），$i \in I = \{1, \cdots, l\}$。显然对于所有的 $X \in \mathbf{R}^{nL}$ 和 $Y \in \mathbf{R}^L$，存在 $f(X,Y) \geqslant 0$。

在上述定义的基础上，最大-最小可分性问题可转化为下面的数学优化问题：

$$\begin{aligned} & \min \ f(X,Y) \\ & \text{s.t.} (X,Y) \in \mathbf{R}^{nL} \times \mathbf{R}^L \end{aligned} \qquad (1\text{-}14)$$

由于式（1-14）的目标函数非凸，因此可能得不到全局最优解。文献[89]研究了该函数的可微性质，并通过误差函数的特别结构实现一种求解该问题的算法，这里将其简称为 Bagirov 算法。

Bagirov 算法在一定程度上能够解决最大-最小可分性方法取局部极值的问题，但它同原方法一样，仍然将超平面的数量作为先验，而分类精度又严重依赖于这个预先设定的值。对于实际采集的数据，超平面数量信息显然是未知的，因此只能尝试各种不同情况，这使得算法的执行效率不高、适用范围不广。

另外，求解式（1-14）的计算复杂度要依赖于数据集的样本数量，当数据集规模较大时，算法执行变得非常耗费时间。文献[90]和[91]提出了一种增量学习算法，可在一定程度上缓解这个问题。该方法使用超箱（hyperbox）来标识类间靠近区域（图 1-12），然后使用最大-最小可分性方法只对该区域的样本进行划分。由于超箱中包含的数据点有限，因此该方法能够显著降低训练时间。

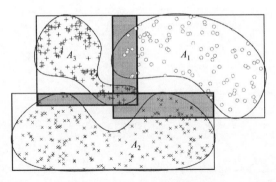

图 1-12　超箱（灰色区域）对类间靠近区域的标识[90]

　　最大-最小可分性方法能够用于有监督分类，但超平面的数量需要预先设定，这限制了该方法在一些实际领域中的应用。另外，对靠近区域的标识也是经验上的，而且随着维度的增加，超箱中的点会越来越多，标识会变得越来越困难。

1.2.6　组合凸线性感知器

　　1.2.1 节～1.2.5 节总结了设计分片线性分类器的不同方法，它们在分类任务中表现出一定的适应能力。但这些方法大多是经验的和试探性的，缺乏统一的理论框架，而且对数据的空间分布结构依赖性较大，分类器性能还达不到令人满意的程度。特别是，一些方法需要预先人工标识一个整数集合，用以规定分类器中超平面的数量或描述线性函数如何组织，这一缺点大大限制了它们向实际应用领域推广。

　　2011 年，Li 等[49]提出了设计分片线性分类器的一个通用理论框架，即组合凸线性感知器。它具有坚实的几何理论基础，并且经过了严格的数学证明。在该框架中定义了凸可分（convexly separable）、叠可分（commonly separable）、凸线性感知器（conlitron）等核心概念。组合凸线性感知器通过支持组合凸线性感知器算法来设计，在每一片段上均采用 SVM 的最大间隔思想，以保证好的泛化能力。同时，为避免核函数的选取困难，设计过程只在原输入空间进行，而不使用特征空间映射，因此在一定意义上，组合凸线性感知器可以看做 SVM 的无核推广。另外，支持组合凸线性感知器算法能够动态地设计组合凸线性感知器中的每一片段，不需要预先指定超平面的数量。

　　然而，支持组合凸线性感知器算法仍然存在一些不足。例如，由它所设计的组合凸线性感知器中包含过多的超平面，使得分类模型结构比较复杂，容易产生过拟合问题并影响其泛化能力。另外，它还要求两类数据集必须是叠可分的，这使得该方法的使用环境和范围受到一定的限制。

　　关于组合凸线性感知器框架的详细论述将在第 2 章给出。同时，为避免冗余和增加可读性，在后面的章节中，将凸线性感知器简称为凸线器，将组合凸线性感知器简称为组合凸线器。组合凸线器示例如图 1-13 所示。

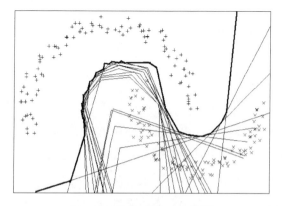

图 1-13　组合凸线器示例[49]

1.3　最新研究概况

　　第 3 章～第 6 章将介绍组合凸线器框架的最新研究进展。这些新方法在弥补原有设计方法不足的同时，积极进行更多有益的尝试，最终致力于提高分片线性分类器的性能，继续在统一的框架下，推动分片线性学习的发展。

1.3.1　生长设计方法

　　该方法旨在解决组合凸线器分类精度有待提高的问题。组合凸线器的分类边界由一系列超平面组成，每一个超平面的优劣直接决定分类器的最终性能。原有方法在设计组合凸线器过程中，每次均使用两个单独样本点来计算分类超平面。考虑到单个点不能很好地代表一类样本，并且这种代表还容易受到噪声的干扰，因此原有设计方式并不能产生合理的分类边界。

在分析原有设计方法存在问题的基础上，本书提出了组合凸线器的生长设计方法。该方法由两个基本操作组成，即挤压和膨胀。使用这两个操作，生长设计方法能够对初始分类边界进行修剪和调整，并使其能够更好地拟合数据分布，最终提升分类器的泛化能力。实验结果表明，生长设计方法能够有效提高分类精度，并且能够在一定程度上简化分类模型结构。

1.3.2　极大切割设计方法

该方法旨在解决组合凸线器分类模型过于复杂的问题。在分类器设计中，奥卡姆剃刀原理通常能够提供经验上的指导，它认为简单的分类模型比复杂的模型在测试数据集上会有更好的表现。基于这种"简单有效"原理，本书提出了一种极大切割设计方法，采用贪婪策略来直接设计极简的组合凸线器。

该方法由两阶段训练构成：第一阶段称为极大切割过程，通过迭代不断寻求能够切开最多样本点的分类边界，并因此来设计尽可能小的决策函数集，最大程度减少决策函数集中线性函数的数量，最终简化分类模型；第二阶段称为边界调整过程，对极大切割后得到的初始分类边界进行一个二次训练，调整边界到适当位置，以提高分类器的泛化能力。实验证实，该方法在保证分类精度的情况下，能够极大地简化组合凸线器的分类模型结构。

1.3.3　软间隔设计方法

该方法旨在解决原有设计方法不适用于非叠可分数据的问题。原有方法在设计组合凸线器时要求两类数据必须是叠可分的，即两类数据间不能存在公共点，这在很大程度上限制了它的使用。考虑到在 SVM 设计中，软间隔设计方法是一种成功的策略，它能够改善分类性能并且能够缓解由过拟合所带来的影响，更重要的是它能够处理非叠可分数据。因此将 SVM 的软间隔思想引入本书，并相应提出了组合凸线器的软间隔设计方法。

该方法首先映射原空间数据到高维特征空间，然后利用 K 均值算法将其中一类聚类成多个组，并在每一组与另一类样本间设计凸线器，最后集成组合凸线器。

通过空间映射，使原空间的公共点在特征空间中不再相同，并且通过引入核函数使计算复杂度保持与原来相同的水平。

1.3.4 新框架设计

在改进和完善组合凸线器框架的同时，提出了一个新的设计分片线性分类器的通用理论框架，称为交错式组合凸线器。与组合凸线器不同，交错式组合凸线器采用从整体到局部的方式进行分类器的设计，分类模型通常表现为一系列凸线器的嵌套结构。

在这个新的通用框架中，定义了极大凸可分子集和交错式组合凸线器两个核心概念。然后通过一些定理证明了这两个核心概念的存在性和唯一性。交错式组合凸线器的设计方法称为支持交错式组合凸线器算法。它采用交替的方式，在一类数据的子集和另一类数据的极大凸可分子集间设计一系列凸线器，最终这些凸线器按顺序集成为交错式组合凸线器。实验证实，交错式组合凸线器通常比组合凸线器具有更简单的分类模型结构，并且在保证分类精度的情况下，在测试阶段执行更快。

第 2 章　组合凸线器框架

  传统统计模式识别方法大多要求训练样本数目要足够多，甚至于趋向无穷大，以使识别方法的性能得到理论上的保证。然而在许多实际应用中，样本数目通常是有限的，这时传统方法都难以取得理想的效果[3]。基于统计学习理论的支持向量机（SVM）能够较好地解决有限样本情况下的模式识别问题。它根据有限的样本信息在模型复杂性和学习能力之间寻求最佳折中，并能够保证得到全局最优解，在解决小样本、非线性及高维模式识别中表现出许多特有的优势。

  本章首先引入 SVM 这一重要的模式识别方法，并介绍它的不同数学模型。然后，通过 SVM 导出这一部分的主要内容，即组合凸线器框架。由于该框架采纳了 SVM 的最大间隔思想，并且设计的分片线性分类器具有唯一性，同时不使用核函数，不进行空间映射，因此它可以看做 SVM 的无核推广。

2.1　支持向量机简介

  模式分类的基本问题是设计一个函数 $f : \mathbf{R}^n \rightarrow \mathbf{R}$，使得对于正类的任意一个样本，满足 $f(x) > 0$；而对于负类的任意一个样本，满足 $f(x) < 0$。这样的函数 $f(x)$ 称为决策函数或判别函数，$f(x) = 0$ 代表对应的分类边界。特别地，当 $f(x)$ 是一个线性函数时，$f(x) = 0$ 为一个超平面。

  SVM 是一种典型的模式分类方法，由 Vapnik 在 1995 年首次提出[9]，建立在统计学习理论的 VC 维理论和结构风险最小化原理基础之上。从几何意义上说，它需要找到一个超平面分开两类样本并使分类间隔最大化。SVM 有三个主要优点[92, 93]：首先，追求结构风险最小化[94, 95]，即在最小化经验风险和防止过拟合两者间寻求最佳折中，以期达到好的泛化能力；其次，将计算最大间隔超平面问题转化为一个凸二次优化问题，并且这个问题可以通过二次规划来求得全局最优解；最后，得到的分类器只是由支持向量确定，并且通过使用核函数，SVM 能够很容易地应用到非线性情况。目前，SVM 已经取得许多成功应用，如人脸识别[11-15]、行人检测[16]、手写字符识别[17]、文本分类[18-20]、生物信息学[21]以及医学检测等方面[22-24]。

硬间隔 SVM 是最原始的形式，如图 2-1 所示，对 $\mathbf{R}^n$ 中的两个有限集 X 和 Y 来说，如果它们是线性可分的，那么可通过最大化它们之间的间隔来设计分类超平面 $w \cdot x + b = 0$，分类间隔表示为 $\text{margin} = 2/\|w\|$（$\|\cdot\|$ 表示 L_2 范数）。硬间隔 SVM 不允许存在分类误差，优化目标如下：

$$\min \frac{1}{2}\|w\|^2$$
$$\text{s.t.} \quad w \cdot x_i + b \geqslant 1, \quad x_i \in X, \quad 1 \leqslant i \leqslant |X|$$
$$w \cdot y_j + b \leqslant -1, \quad y_j \in Y, \quad 1 \leqslant j \leqslant |Y| \tag{2-1}$$

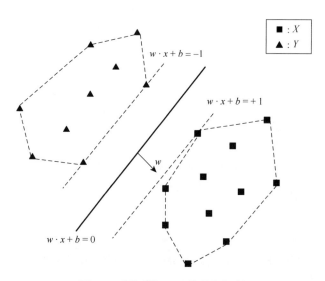

图 2-1　硬间隔 SVM 的几何解释

式中，$|X|$ 和 $|Y|$ 表示集合 X 和 Y 的基数；"$\cdot$"表示两个向量的内积运算。令 $l = |X| + |Y|$，式（2-1）的对偶问题可表达为

$$\min \frac{1}{2}\sum_{i=1}^{l}\sum_{j=1}^{l}\alpha_i\alpha_j y_i y_j (x_i \cdot x_j) - \sum_{j=1}^{l}\alpha_j$$
$$\text{s.t.} \quad \sum_{i=1}^{l}\alpha_i y_i = 0, \ \alpha_i \geqslant 0, \ i = 1,2,\cdots,l \tag{2-2}$$

为了能够处理近似线性可分问题，并提高 SVM 的泛化能力，软间隔 SVM 被提出，如图 2-2 所示。它允许存在一定的分类误差，优化目标如下：

$$\min \ \frac{1}{2}\|w\|^2 + C\sum_{i\in|X\cup Y|}(\xi_i)^d$$

$$\text{s.t.} \quad w\cdot x_i + b \geq 1-\xi_i, \quad i\in|X|, \quad \xi_i \geq 0$$

$$w\cdot y_j + b \leq -1+\xi_j, \quad j\in|Y|, \quad \xi_j \geq 0 \tag{2-3}$$

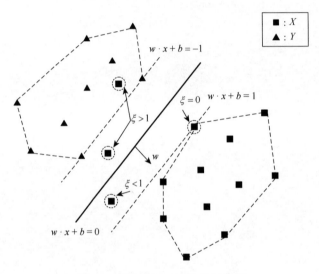

图 2-2　软间隔 SVM 的几何解释

式（2-3）通过引入松弛变量 ξ，允许由于部分离群点出现而带来的损失。损失函数可以是一阶的（$d=1$），也可以是二阶的（$d=2$），阶数不同代表了不同的 SVM 模型。软间隔 SVM 的目标函数由分类间隔与损失函数联合构成，C 称为惩罚因子，用来实现模型复杂性和分类误差的最佳折中。式（2-3）的对偶问题为

$$\min \ \frac{1}{2}\sum_{i=1}^l \sum_{j=1}^l \alpha_i\alpha_j y_i y_j (x_i\cdot x_j) - \sum_{j=1}^l \alpha_j$$

$$\text{s.t.} \quad \sum_{i=1}^l \alpha_i y_i = 0, \ 0\leq \alpha_i \leq C, \quad i=1,2,\cdots,l \tag{2-4}$$

对于非线性可分问题，SVM 通过使用映射 $\phi(\cdot)$ 将原空间样本 $x\in \mathbf{R}^n$ 映射到高维特征空间 $\mathbf{R}^m(m>n)$，然后在 $\mathbf{R}^m$ 中计算分类超平面。如果直接映射，将导致"维

数灾难"问题，为克服这一潜在的不利因素，通常将高维空间中的内积转换为原空间的核函数来计算。核函数表示如下：

$$K(x_i, x_j) = \phi(x_i) \cdot \phi(x_j) \tag{2-5}$$

引入核函数后，式（2-2）和式（2-4）中的内积 $(x_i \cdot x_j)$ 可直接使用 $K(x_i, x_j)$ 进行替换。尽管使用核技巧能够处理非线性可分问题，但核函数的选择依然缺乏指导，并且计算资源需求较大，不利于大规模数据求解。另外，由于进行隐式空间映射，这使得对空间度量变化的解释存在困难。一个值得思考的问题是，如何设计类似于 SVM 的分类器，在保留 SVM 部分优点的同时，不进行隐式空间映射，避开选择核函数，并且使其具备不错的分类能力。

基于上述问题的驱动，2011 年，Li 等[49]提出了一种用于模式分类的新方法，称为组合凸线器。该方法使用 SVM 的大间隔思想，通过线性分类器的集成，实现了对任意两类不相交数据的有效划分。同时，它又是设计分片线性分类器的一个通用理论框架，提出了凸可分、叠可分、凸线器等核心概念，并且具有严格的数学证明和直观的几何解释。

2.2　支持组合凸线器

组合凸线器框架包含 3 个核心算法，其中交叉距离最小化算法用来解决线性可分问题；支持凸线器算法用来解决凸可分问题；支持组合凸线器算法用来解决叠可分问题。本节将从数据集凸包和可分性的关系出发，详细阐述这一通用理论框架。

2.2.1　凸包和可分性

数据集的可分性与它们的凸包（convex hull, CH）存在密切关系。使用 CH(S)表示集合 S 的凸包，下面给出凸包的定义。

定义 2.1　对于 $\mathbf{R}^n$ 上的任意一个有限集 X ，它的凸包定义为

$$\mathrm{CH}(X) = \left\{ x \middle| x = \sum_{1 \leqslant i \leqslant |X|} \alpha_i x_i, \sum_{1 \leqslant i \leqslant |X|} \alpha_i = 1, x_i \in X, \alpha_i \geqslant 0, \alpha_i \in \mathbf{R} \right\} \tag{2-6}$$

接下来引入 3 个可分性[49]。

定义 2.2　线性可分（linearly separable）：给定两个有限集 $X, Y \subseteq \mathbf{R}^n$，如果它们的凸包不相交，即 $\mathrm{CH}(X) \bigcap \mathrm{CH}(Y) = \varnothing$，则称它们是线性可分的。

定义 2.3　凸可分（convexly separable）：给定两个有限集 $X, Y \subseteq \mathbf{R}^n$，如果 $\forall y \in Y$，$y \notin \mathrm{CH}(X)$，则称 X 相对 Y 是凸可分的。如果 X 相对 Y 是凸可分的，或者 Y 相对 X 是凸可分的，则称 X 和 Y 是凸可分的。

定义 2.4　叠可分（commonly separable）：给定两个有限集 $X, Y \subseteq \mathbf{R}^n$，如果 $X \bigcap Y = \varnothing$，即 X 和 Y 之间不存在公共点，则称它们是叠可分的。

叠可分的称谓是为叙述简单而引入的，同时也是为了与线性可分、凸可分等名称形成概念上的对比。对于 3 种可分情况，图 2-3 分别给出了示例。

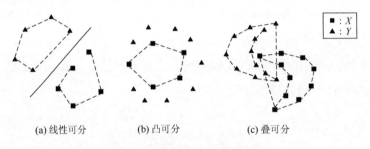

(a) 线性可分　　　　　(b) 凸可分　　　　　(c) 叠可分

图 2-3　数据集的可分性说明

2.2.2　线性分类器

如 2.1 节所述，硬间隔 SVM 是一个优化的线性分类器，并且它与数据集凸包间存在密切关系[96-99]。对于两个有限集 $X, Y \subseteq \mathbf{R}^n$，如果它们是线性可分的，那么求解它们的硬间隔 SVM 可相应转换为求凸包 $\mathrm{CH}(X)$ 和 $\mathrm{CH}(Y)$ 间的最近点问题[100]：

$$\min \ \|x - y\|$$
$$\text{s.t.} \quad x \in \mathrm{CH}(X), y \in \mathrm{CH}(Y) \tag{2-7}$$

使用 d 表示欧氏距离函数。假设 (x^*, y^*) 是经过式（2-7）计算得到的一个最近点对，即凸包间距离 $d(\mathrm{CH}(X), \mathrm{CH}(Y)) = d(x^*, y^*) = \|x^* - y^*\|$，可以得到它们的垂直平分面就是集合 X 和 Y 的硬间隔 SVM，对应的线性判别函数可表示为

$$f(x) = w^* \cdot x + b^* \tag{2-8}$$

式中

$$w^* = x^* - y^*, \quad b^* = \frac{\left\| y^* \right\|^2 - \left\| x^* \right\|^2}{2} \tag{2-9}$$

分类间隔定义为

$$\mathrm{marginL}(f) = \left\| w^* \right\| = \left\| x^* - y^* \right\| \tag{2-10}$$

基于上述思想，交叉距离最小化算法（cross distance minimization algorithm，CDMA）[49]被提出，它可用于求解线性可分的两类样本间的无核硬间隔 SVM，并且能够使分类间隔最大化，CDMA 的详细描述如算法 2-1 所示。

算法 2-1：CDMA(X,Y,ε)

输入：两个有限集 $X,Y \subseteq \mathbf{R}^n$，精度参数 ε

1：$x^* \in X, y^* \in Y$ ；

2：$x_1 = x^*, y_1 = y^*$ ；

3：$x^* = \arg\min\limits_z \left\{ d(z,y^*) \middle| \begin{matrix} z = x_2, \lambda \geqslant 1 \\ z = x_1 + \lambda(x_2 - x_1), 0 < \lambda < 1 \end{matrix} \right., \quad \lambda = \frac{(x_2 - x_1) \cdot (y^* - x_1)}{(x_2 - x_1) \cdot (x_2 - x_1)} > 0, x_2 \neq x_1, x_2 \in X \right\}$ ；

4：$y^* = \arg\min\limits_z \left\{ d(x^*,z) \middle| \begin{matrix} z = y_2, \mu \geqslant 1 \\ z = y_1 + \mu(y_2 - y_1), 0 < \mu < 1 \end{matrix} \right., \quad \mu = \frac{(y_2 - y_1) \cdot (x^* - y_1)}{(y_2 - y_1) \cdot (y_2 - y_1)} > 0, y_2 \neq y_1, y_2 \in Y \right\}$ ；

5：如果 $d(x_1, y_1) - d(x^*, y^*) \geqslant \varepsilon$ ，转到步骤2；

6：计算 $w^* = x^* - y^*, b^* = \left(\left\| y^* \right\|^2 - \left\| x^* \right\|^2 \right) / 2$ ；

输出：$f(x) = w^* \cdot x + b^*$

CDMA 中的第 3 步和第 4 步，目的是在每次迭代中找到更近的点对 (x^*, y^*)，图 2-4 给出了找更近点对的几何解释。如果 $x_1 \in \mathrm{CH}(X)$ 不是 $y^* \in \mathrm{CH}(Y)$，距离 $\mathrm{CH}(X)$ 的最近点，一定存在另一个点 $z^* \in \mathrm{CH}(X)$，使得 $d(z^*, y^*) < d(x_1, y^*)$。如果 $\lambda \geqslant 1$，则 $z^* = x_2$ 是 X 中的一个点；如果 $0 < \lambda < 1$，则 $z^* = x_1 + \lambda(x_2 - x_1)$ 为 y^* 到线段 $\mathrm{CH}\{x_1, x_2\}$ 的垂点。相应地，当第 3 步执行完毕后，第 4 步找到距离 x^* 最近的 y^*，直到满足最终的收敛条件 $d(x_1, y_1) - d(x^*, y^*) < \varepsilon$。

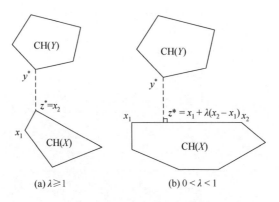

图 2-4　CDMA 的几何解释

如果 X、Y 是线性可分的，CDMA 将得到由 (x^*, y^*) 设计的 SVM。如果非线性可分，算法将收敛于零向量 $(0,0)$，并输出 $f(x)=0$。CDMA 的时间复杂度可估计为 $O(D\cdot(|X|+|Y|)/\varepsilon)$，其中 ε 称为精度参数，用于控制收敛条件。$D=\max\limits_{x\in X, y\in Y}\{\|x-y\|\}$，$D/\varepsilon$ 的值与样本分布有关，表示在 ε 精度下，算法收敛的最大迭代次数。

2.2.3　支持凸线器的定义

基于凸可分的概念，凸线性感知器（convex linear perceptron，conlitron）[49]被提出，它是一组线性判别函数的集合，可将任意两类凸可分数据正确分开。对于 $X, Y \subseteq \mathbf{R}^n$，如果 X 相对 Y 是凸可分的，即 $Y\bigcap \mathrm{CH}(X)=\varnothing$，那么必然存在一个凸线器，方向为从 X 到 Y，表示如下：

$$\mathrm{CLP}=\left\{f_l(x)=w_l\cdot x+b_l, (w_l,b_l)\in \mathbf{R}^n\times\mathbf{R}, 1\leqslant l\leqslant L\right\} \tag{2-11}$$

满足下面两式：

$$\begin{cases} \forall x\in X, & \forall 1\leqslant l\leqslant L, \quad f_l(x)=w_l\cdot x+b_l>0 \\ \forall y\in Y, & \exists 1\leqslant l\leqslant L, \quad f_l(y)=w_l\cdot y+b_l<0 \end{cases} \tag{2-12}$$

决策函数定义为

$$\mathrm{CLP}(x)=\begin{cases} +1, & \forall 1\leqslant l\leqslant L, \quad f_l(x)>0 \\ -1, & \exists 1\leqslant l\leqslant L, \quad f_l(x)<0 \end{cases} \tag{2-13}$$

分类间隔定义为

$$\mathrm{marginC}(\mathrm{CLP})=\min\left\{\mathrm{marginL}(f_l)\big| f_l\in\mathrm{CLP}, 1\leqslant l\leqslant L\right\} \tag{2-14}$$

式中，L 为线性函数的数量，每一个均由线性分类器 CDMA 计算得到，这些线性函数按式（2-12）的方式集成凸线器。由于凸线器中的每一片段对应硬间隔 SVM，因此它也具有局部分类间隔最大特性。值得注意的是，凸线器带有方向性，当集合 X 相对 Y 为凸可分时，可设计从 X 到 Y 的凸线器，但这并不意味着此时一定能够得到从 Y 到 X 的凸线器。如图 2-5 所示，图 2-5（a）中只能设计从 X 到 Y 的凸线器，因为 X 相对 Y 是凸可分的；图 2-5（b）中只能设计从 Y 到 X 的凸线器，因为 Y 相对 X 是凸可分的；图 2-5（c）中可设计两个方向上的凸线器。

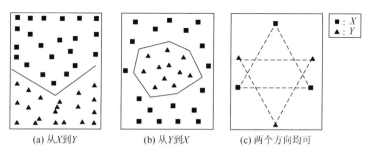

| (a) 从 X 到 Y | (b) 从 Y 到 X | (c) 两个方向均可 |

图 2-5　不同训练方向的凸线器

容易得知，线性可分是凸可分的特殊形式。凸线器的设计通过支持凸线器算法（support conlitron algorithm，SCA）来实现，在 X 相对 Y 为凸可分的情况下，可选择训练方向为从 X 到 Y，这时，SCA 详细描述如算法 2-2 所示。

算法 2-2： $\mathrm{SCA}(X,Y,\varepsilon)$

输入： $X=\{x_i,1\leqslant i\leqslant N\},Y=\{y_j,1\leqslant j\leqslant M\}$，精度参数 ε

1：for $1\leqslant j\leqslant M, g_j(x)=\mathrm{CDMA}(X,\{y_j\},\varepsilon)$；

2：$l=1;Y_l=Y$；

3：$p=\arg\max\limits_{j}\{g_j(y_j),y_j\in Y_l\}$；

4：$f_l(x)=g_p(x)$；

5：$Y_{l+1}=\left\{y\big|f_l(y)>g_p(y_p),y\in Y_l\right\}$；

6：如果 $Y_{l+1}\neq\varnothing$，那么 $l=l+1$，并转到步骤 3；

7：$L=l$；

输出： $\mathrm{CLP}=\{f_l(x),1\leqslant l\leqslant L\}$

图 2-6 给出了 SCA 的几何解释。首先，SCA 从集合 Y 中选择一个点 y_p，使得 y_p 距离 $\mathrm{CH}(X)$ 最近，利用 CDMA，计算 y_p 与 $\mathrm{CH}(X)$ 的第一个线性函数 $f_1(x)$。$f_1(x)$

切掉了 Y 中满足条件 $f_1(y) \leqslant f_1(y_p)$ 的点，剩余的点仍记为 Y。然后从 Y 中找到距离 $\mathrm{CH}(X)$ 的另一个最近点 y_q，计算得到第二个线性函数 $f_2(x)$。$f_2(x)$ 又切掉了 Y 中满足条件 $f_2(y) \leqslant f_2(y_q)$ 的点，重复这个过程，直到 $Y = \varnothing$，得到的所有线性函数 $\{f_1(x), f_2(x), \cdots\}$ 构成一个凸线器，它能够将集合 X 和 Y 正确分开。

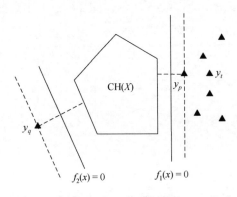

图 2-6　SCA 的几何解释

根据两类样本的对称性，容易得到当 Y 相对于 X 为凸可分的情况下，即训练方向从 Y 到 X 时，SCA 的描述。由于 X 和 Y 是有限集，因此 SCA 一定能够收敛，它的时间复杂度可被估计为 $O(D \cdot (|X| \cdot |Y|) / \varepsilon)$，与 CDMA 时间复杂度计算方式相同，$D$ 的取值与样本分布和参数 ε 取值相关，代表了算法收敛的最大迭代次数。

通过 SCA 的描述和几何解释可知，在给定训练方向的前提下，得到的凸线器是唯一的。同时，它能够使分类间隔最大，因此从这个意义上来说，凸线器可以看做凸可分情况下 SVM 的无核推广，因此文献[49]中将其称为支持凸线器（support conlitron）。

2.2.4　支持组合凸线器的形式

尽管凸可分在理论上扩展了线性可分的概念，但对任意两类不相交数据集来说，它可能是非凸可分的，如图 2-3（c）所示，此时支持凸线器不再能够发挥作用。为解决这种更复杂的情况，文献[49]中提出了组合凸线性感知器（multiple conlitron, multiconlitron）的概念，它是一组支持凸线器的集合。如果两个有限集 $X, Y \subseteq \mathbf{R}^n$ 是叠可分的，即它们之间没有公共点，则一定存在一个组合凸线器将它

们分开。给定训练方向从 X 到 Y，这个组合凸线器可表示为

$$\text{MCLP} = \left\{\text{CLP}_k, 1 \leqslant k \leqslant K\right\} \tag{2-15}$$

该组合凸线器满足以下两式：

$$\begin{cases} \forall x \in X, & \exists 1 \leqslant k \leqslant K, \quad \text{CLP}_k(x) = +1 \\ \forall y \in Y, & \forall 1 \leqslant k \leqslant K, \quad \text{CLP}_k(y) = -1 \end{cases} \tag{2-16}$$

决策函数定义为

$$\text{MCLP}(x) = \begin{cases} +1, & \exists 1 \leqslant k \leqslant K, \quad \text{CLP}_k(x) = +1 \\ -1, & \forall 1 \leqslant k \leqslant K, \quad \text{CLP}_k(x) = -1 \end{cases} \tag{2-17}$$

分类间隔定义为

$$\text{marginM}(\text{MCLP}) = \min\left\{\text{marginC}(\text{CLP}_k) \big| \text{CLP}_k \in \text{MCLP}, 1 \leqslant k \leqslant K\right\} \tag{2-18}$$

式中，K 为支持凸线器的数量，每一个均由 SCA 训练得到，然后这些支持凸线器集成组合凸线器，用于任意两类叠可分数据集的分类。与支持凸线器类似，组合凸线器的训练同样具有方向性。但与支持凸线器不同的是，只要数据集是叠可分的，则从两个方向均能设计组合凸线器。只是这两个组合凸线器具有不同的结构，文献[49]中定义包含更少线性函数的组合凸线器为最终的分类模型。如图 2-7 所示，图 2-7（a）中训练方向为从 X 到 Y，得到的组合凸线器包含 9 个支持凸线器和 25 个线性函数；图 2-7（b）中训练方向为 Y 到 X，得到的组合凸线器包含 12 个支持凸线器和 30 个线性函数。最终分类模型为图 2-7（a）中所示的组合凸线器。

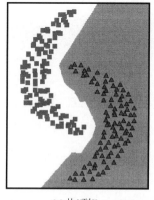
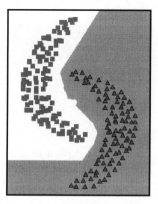

■ : X
▲ : Y

(a) 从 X 到 Y　　　　　　　　　　　　(b) 从 Y 到 X

图 2-7　不同训练方向的组合凸线器

容易得到，凸可分是叠可分的特殊形式。组合凸线器的设计通过支持组合凸线器算法（support multiconlitron algorithm，SMA）来实现，算法 2-3 给出了 SMA 的详细描述。

算法 2-3：SMA（X, Y, ε）

输入：$X = \{x_i, 1 \leqslant i \leqslant N\}, Y = \{y_j, 1 \leqslant j \leqslant M\}$，精度参数 ε

1：$k = 1; X_k = X$；

2：$p = \arg\min_i \{d(\{x_i\}, Y), x_i \in X_k\}$；

3：$\mathrm{CLP}_k = \mathrm{SCA}(\{x_p\}, Y, \varepsilon)$；

4：$X_{k+1} = \{x_i \mid \exists f \in \mathrm{CLP}_k, f(x_i) < f(x_p), x_i \in X_k - \{x_p\}\}$；

5：如果 $X_{k+1} \neq \varnothing$，那么 $k = k + 1$，并转到步骤 2；

6：$K = k$；

输出：$\mathrm{MCLP} = \{\mathrm{CLP}_k, 1 \leqslant k \leqslant K\}$

由于集合 X 和 Y 是叠可分的，即 $X \bigcap Y = \varnothing$，所以对 X 中的每一个点 x_i 来说，它相对 Y 都是凸可分的。SMA 首先从集合 X 中选择距离 Y 最近的一个点 x_p，设计第 1 个支持凸线器 $\mathrm{CLP}_1 = \mathrm{SCA}(\{x_p\}, Y, \varepsilon)$，作为 MCLP 的第 1 个组件，它切掉了 X 中满足条件 $\mathrm{CLP}_1(x) = +1$（即 $f_l(x) \geqslant f_l(x_p), \forall f_l \in \mathrm{CLP}_1$）的点，剩余的点仍记为 X。然后，再从 X 中找到距离 Y 的另一个最近点 x_q，得到第 2 个支持凸线器 $\mathrm{CLP}_2 = \mathrm{SCA}(\{x_q\}, Y, \varepsilon)$，构成 MCLP 的第 2 个组件，它又切掉了 X 中满足条件 $\mathrm{CLP}_2(x) = +1$（即 $f_l(x) \geqslant f_l(x_q), \forall f_l \in \mathrm{CLP}_2$）的点。重复这一过程，直到 X 中没有点留下来，即 $X = \varnothing$。

图 2-8 给出了 SMA 的几何解释。CLP_1 包含 1 个线性函数，即 $\mathrm{CLP}_1 = \{f_1(x)\}$，它左侧的任意点 x_t 满足 $\mathrm{CLP}_1(x_t) = +1$。CLP_2 包含 4 个线性函数，即 $\mathrm{CLP}_2 = \{f_l(x), 1 \leqslant l \leqslant 4\}$，被 CLP_2 包围的任意点 x_s 满足 $\mathrm{CLP}_2(x_s) = +1$。

由于两类样本的对称性，容易得到在训练方向从 Y 到 X 时 SCA 的算法描述。在 SMA 中，分类边界由两类间样本点设计，不涉及凸包间的运算，所以精度参数 ε 对算法没有影响，时间复杂度可被评估为 $O(|X| \cdot |Y| \cdot (|X| + |Y|))$。

在给定训练方向的前提下，得到的组合凸线器是唯一的，并且它依然具有局部最大间隔特性，从这个意义上说，组合凸线器可看做叠可分情况下 SVM 的无核推广，因此被称为支持组合凸线器（support multiconlitron）。

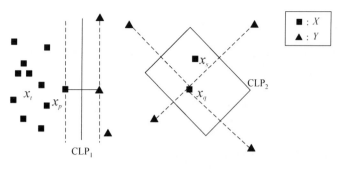

图 2-8　SMA 的几何解释

2.2.5　支持组合凸线器的预测规则

1. 支持凸线器的预测规则

经过 SCA 训练后，得到的支持凸线器为一组线性函数的集合，表示为 CLP = $\{f_l(x), 1 \leqslant l \leqslant L\}$。使用 CLP 对一个未知样本 z 进行预测时，要使用式（2-13）的决策规则。在 X 相对 Y 为凸可分的情况下，给定训练方向从 X 到 Y，如果样本 z 属于 X，则要满足 $\forall 1 \leqslant l \leqslant L$，$f_l(z) > 0$，即 CLP$(z) = +1$；如果样本 z 属于 Y，则要满足 $\exists 1 \leqslant l \leqslant L$，$f_l(z) < 0$，即 CLP$(z) = -1$。

为了缩短预测时间，对任意一个未知样本 z，均从预测它是否属于 Y 开始，如果存在一个线性函数 $f_l(z) < 0$，则预测过程立即停止，并标识 z 为 Y 类。对 CLP 中的所有线性函数来说，如果均满足 $\forall 1 \leqslant l \leqslant L$，$f_l(z) > 0$，则此时才预测它为 X 类。这样，就避免了分别使用 X 类和 Y 类的决策规则对未知样本进行预测，节省了预测时间。

同理可得到，当训练方向从 Y 到 X 时支持凸线器的预测规则。

2. 支持组合凸线器的预测规则

在支持凸线器预测规则的基础之上，可说明支持组合凸线器的预测规则。支持组合凸线器经 SMA 训练得到，它可表示为一组支持凸线器的集合，即 MCLP = $\{\text{CLP}_k, 1 \leqslant k \leqslant K\}$。使用 MCLP 对一个未知样本 z 进行预测时，要使用式（2-17）的决策规则，并且预测方向与训练方向保持一致。在训练方向从 X 到 Y 时，如果样本 z 属于 X，则要满足 $\exists 1 \leqslant k \leqslant K$，$\text{CLP}_k(z) = +1$，即 MCLP$(z) = +1$；

如果样本 z 属于 Y，则要满足 $\forall 1 \leqslant k \leqslant K$，$CLP_k(z) = -1$，即 $MCLP(z) = -1$。

为了缩短预测时间和减小计算代价，对任意一个未知样本 z，均从预测它是否属于 X 开始。在预测的过程中，如果存在一个 CLP_k，使得 $CLP_k(z) = +1$，则预测过程立即停止，并标识 z 为 X 类。对 MCLP 中的所有支持凸线器来说，如果均满足 $\forall 1 \leqslant k \leqslant K$，$CLP_k(z) = -1$，则此时才预测 z 为 Y 类。

同理可得到，当训练方向从 Y 到 X 时支持组合凸线器的预测规则。

2.3 小 结

支持组合凸线器是设计分片线性分类器的一个通用框架，如果使用其他任意的线性分类器来代替由 CDMA 产生的硬间隔 SVM，均能得到相应的支持凸线器和支持组合凸线器。文献[101]使用 SK（Schlesinger-Kozinec）算法代替 CDMA 来设计支持组合凸线器，并给出了在标准数据集上的实验。总体来说，分类性能能够得到保证，与另外两个分片线性分类器的对比也体现出一定的优势。上述尝试能够说明支持组合凸线器框架的通用性。

支持组合凸线器具有坚实的理论基础、严格的数学证明和鲜明的几何解释，通过支持凸线器和线性函数的有效集成可实现对任意两类叠可分数据的有效分类。在给定训练方向的前提下，能够求解得到唯一的分类模型，并且能够使局部分类间隔最大化，从这个意义上讲，支持组合凸线器可看做 SVM 的无核推广。实验已经证实，支持组合凸线器的性能一般要优于线性 SVM，但低于高斯核 SVM。为叙述简洁，在后续章节中将支持凸线器简称为凸线器，将支持组合凸线器简称为组合凸线器。

在实际应用中，判断数据集是否为线性可分和凸可分并不具有深刻意义，本章介绍的线性分类器和凸线器都只是用来为组合凸线器服务，并充当组合凸线器的主要功能模块而已。当两个数据集不存在公共点（即叠可分）时，组合凸线器就一定能够发挥作用，通常此时不需要也没有必要再判断数据集的可分性。

最后，对本书中使用的一些术语作如下说明。

（1）后续章节中提到的分类模型结构通常指预测模型结构，即训练得到的分类器中包含的超平面或线性函数的结构。这与优化问题中待求解的"模型"是不相同的。

（2）在说明分类模型结构时通常使用线性函数，而在说明分类边界时通常使用超平面，这两种说法都在表达相同的含义，并不冲突。在 2.1 节已经说明了两者的关系，即当 $f(x)$ 是一个线性函数时，$f(x)=0$ 为一个超平面。因此，本书并不刻意区分这两种说法，甚至可能还会出现两者的混用。

（3）本书所提及的分类精度（accuracy）是对分类器在全体测试样本上的正确率的评价，即分类正确的样本数量与样本总数的比值，也称为测试精度。它不针对数据集中的具体类别，因此不同于分类准确率（precision）。

第3章　生长设计方法

针对组合凸线器分类精度有待提高的现状，本章首先分析了支持组合凸线器算法（SMA）的设计方式，并指出其中不合理之处。然后在此基础上提出了一种设计组合凸线器的新方法，称为生长设计方法（growing method）。对于凸可分情况，生长进程使用挤压操作（SQUEEZE）将初始训练得到的分类边界推向内部凸区域，使其能够更好地拟合数据分布；对于叠可分情况，生长进程使用膨胀操作（INFLATE）调整初始训练得到的分类边界，使其移动到更加合理的位置。实验表明，生长设计方法能够有效地提高组合凸线器的分类精度，在实际分类任务中通常表现出较好的性能。

3.1　原有设计方法存在的问题

凸线器和组合凸线器的分类边界均由一系列超平面组成，每一个超平面的优劣直接决定着分类器的最终性能。基于这种考虑，本章首先对原有设计方法 SMA 中每个超平面的计算方式和产生过程进行分析，并以此为基础探讨分类边界的合理性，希望从中找到提升分类精度的方法。

对于 $\mathbf{R}^n$ 中的两类数据 X 和 Y，在 X 相对 Y 为凸可分的情况下，凸线器的设计可使用支持凸线器算法 $\text{SCA}(X,Y,\varepsilon)$ 计算得到。如图 3-1（a）所示，假设获得的凸线器中包含 3 个线性函数，即分类边界由 3 个超平面组成。根据 SCA 可知，每一个线性函数均由 Y 中的单个点和 X 中的全部点经过交叉距离最小化算法（CDMA）训练得到。从统计的观点来看，由若干单个点与另一类样本设计的线性函数集并不能代表合理的分类模型，进而不能很好地拟合数据分布，并且容易受到噪声的干扰。因此，这种产生分类模型的方法有待改善，分类性能有待提高。

对于叠可分情况，如图 3-1（b）所示，在训练方向从 X 到 Y 时，使用支持组合凸线器算法 $\text{SMA}(X,Y,\varepsilon)$ 可计算得到一个组合凸线器，它包含两个凸线器 CLP_1 和 CLP_2，共计 8 个线性函数。根据 SMA 可知，每一个凸线器均由 X 中的单个点

与 Y 中全部点经 SCA 训练得到。进而通过 SCA 的工作方式可知，凸线器中包含的每一个线性函数均由 X 中的单个点和 Y 中的单个点计算得到。从统计的观点来看，这种由两类样本间单独点对生成边界的设计方法并不能得到合理的分类模型，抗噪声干扰能力依然很弱，分类精度有待提高，分类性能有待改善。

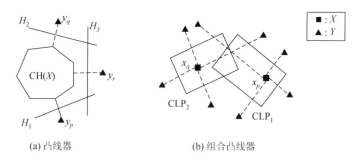

(a) 凸线器　　　　　　　　　(b) 组合凸线器

图 3-1　凸线器和组合凸线器的分类边界示意图

基于上述分析，原有方法 SCA/SMA 在设计凸线器/组合凸线器的过程中，产生分类模型的方式不够合理，数据中的单个点并不能很好地代表一类样本，并且容易受到噪声的干扰，最终会导致分类器泛化能力的下降，影响其分类性能。针对原有设计方法在设计分片线性分类器过程中存在的问题，本章提出了一种新方法进行凸线器/组合凸线器的生长设计。该方法通过逐片修剪的方式来调整分类边界，使其更好地拟合数据分布，并最终提高分类器的分类精度和总体性能。

3.2　凸线器的生长设计方法

3.2.1　挤压操作

给定训练方向从 X 到 Y，凸线器中的每一个线性函数均由 Y 中单个点与 X 中全部点经过 CDMA 训练得到，根据 3.1 节的分析，这种由单点参与的设计方法并不能够产生可信赖的分类边界。为改善这种情况，可以考虑在得到初始超平面的基础上，使用被此超平面切开的所有 Y 中点与 X 进行再次训练，以得到更合理的分类边界。

如果初始训练得到的凸线器表示为 $CLP = \{f_l(x) = w_l \cdot x + b, 1 \leq l \leq L\}$，那么其中包含的 L 个线性函数可将集合 Y 分成 L 个相互重叠的子集，即

$$Y = \bigcup Y_l, \quad \Omega = \{Y_l, 1 \leq l \leq L\} \tag{3-1}$$

式中，$Y_l = \{y \mid f_l(y) < 0, y \in Y\}$，$f_l \in \text{CLP}$。容易得知，$Y_l$ 是 Y 中所有能够被 $f_l(x)$ 正确分类的样本点集合，并且存在 $i \neq j$ 使得 Y_i 和 Y_j 是重叠的，即 $Y_i \bigcap Y_j \neq \varnothing$。

如图 3-2（a）所示，假设 Y 中被超平面 H_1、H_2、H_3 正确划分的样本集对应标记为 Y_1、Y_2、Y_3，显然 Y_1 与 Y_3 之间以及 Y_2 与 Y_3 之间分别存在重叠样本（图中使用虚线圆圈标识）。通过引入 $\Omega = \{Y_l, 1 \leq l \leq L\}$ 来表示被分类超平面划分的 Y 中子集的集合，可以采用挤压操作来进行凸线器的生长设计。

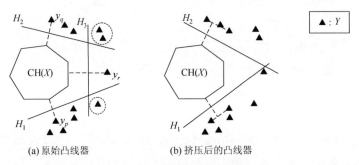

(a) 原始凸线器　　　　　　(b) 挤压后的凸线器

图 3-2　挤压操作的几何解释

首先，挤压操作从 Ω 中选择包含样本数最多的子集 Y_p，然后在 Y_p 与 X 间使用 CDMA 训练得到第 1 个线性函数，即 $g_1(x) = \text{CDMA}(X, Y_p, \varepsilon)$。$g_1(x)$ 切掉了 Ω 中所有能够被它正确分类的子集，剩余的集合仍记为 Ω。然后，挤压操作再从 Ω 中选择最大的子集 Y_q，产生第 2 个线性函数 $g_2(x) = \text{CDMA}(X, Y_q, \varepsilon)$，$g_2(x)$ 又切掉了 Ω 中的部分子集。重复这个过程，直到 $\Omega = \varnothing$ 为止。挤压过程描述见操作 3-1。

操作 3-1： SQUEEZE(CLP, X, Y, ε)

输入： 初始凸线器 $\text{CLP} = \{f_l(x), 1 \leq l \leq L\}$，$X = \{x_i, 1 \leq i \leq N\}$，$Y = \{y_j, 1 \leq j \leq M\}$，精度参数 ε

1：$Y_l = \{y \mid f_l(y) < 0, y \in Y\}, f_l \in \text{CLP}$；

2：$l \leftarrow 1, \Omega \leftarrow \{Y_i, 1 \leq i \leq |\text{CLP}| = L\}$；

3：$p = \arg\max_i \{|Y_i|, Y_i \in \Omega\}$；

4：$g_l(x) = \text{CDMA}(X, Y_p, \varepsilon)$；

5：$\Omega = \{Y_i \mid Y_i \in \Omega - \{Y_p\}, \exists y \in Y_i, g_l(y) > 0\}$；

6：如果 $\Omega \neq \varnothing$，那么 $l \leftarrow l + 1$，并转到步骤 3；

返回： $\text{CLP} = \{g_i(x), 1 \leq i \leq l\}$

显然，通过挤压操作能够使初始分类边界得到调整，挤压时每一个线性函数的计算在两个凸包间进行，而不再由单个点来完成，这有利于分类边界更好地拟合数据分布。由于每次均从 Ω 中选择包含样本数量最多的子集，因此挤压操作能够减少分类模型中的线性函数规模，从而简化分类边界。挤压操作的几何解释如图 3-2 所示。从图 3-2 中可以看出，经过挤压后线性边界位置得到调整，同时线性函数数量得到减少。

在得到初始的凸线器后，挤压操作对此凸线器中的所有线性函数进行逐片调整和修剪，并将分类边界渐次地推向内部凸区域，从这个角度来说，挤压操作可看做一个典型的"生长"过程。

3.2.2 生长支持凸线器算法

容易得知，挤压操作可进行多次，每次均可能带来分类边界的调整和线性函数的修剪。相应地，使用挤压操作设计凸线器的方法称为生长设计方法，该方法通过生长支持凸线器算法（growing support conlitron algorithm，GSCA）来实现，算法 3-1 给出了 GSCA 的详细描述。

算法 3-1: GSCA(X,Y,ε,T)

输入: $X=\{x_i,1\leqslant i\leqslant N\}$，$Y=\{y_j,1\leqslant j\leqslant M\}$，精度参数 ε，挤压次数 T

 1: CLP = SCA(X,Y,ε) ;

 2: 如果 $T<1$，转到输出;

 3: $t\leftarrow 1$;

 4: CLP = SQUEEZE(CLP,X,Y,ε) ;

 5: 如果 $t\leqslant T$，那么 $t\leftarrow t+1$，并转到步骤 4;

输出: CLP

根据算法 3-1 可知，最终的凸线器是由初始凸线器经过生长得到的。一般来说，这个新凸线器中每个线性函数的计算均在 X 中全部点和 Y 中部分点之间进行，相比于 SCA 使用单点进行训练的方法，GSCA 能够产生更加合理的分类边界，这有助于凸线器更好地拟合数据分布。另外，在生长过程中，GSCA 对初始分类边界进行逐片修剪，这使得线性函数数量得到简化，在一定程度上能够防止过拟合情况的发生。

图 3-3 给出了在训练方向从 X 到 Y 的情况下，GSCA 的实时运行效果。其中，在无挤压操作时，GSCA 获得的凸线器包含 11 个线性函数，此时 GSCA 即为 SCA；经过 1 次挤压，GSCA 得到的凸线器包含 8 个线性函数；经过 2 次挤压，GSCA 得到的凸线器中仍然包含 8 个线性函数。通常情况下，初次挤压能够使分类边界得到调整，并使凸线器中包含的线性函数数量得到减少。但随着挤压次数的增加，分类边界的位置和线性函数的数量可能会趋于稳定。

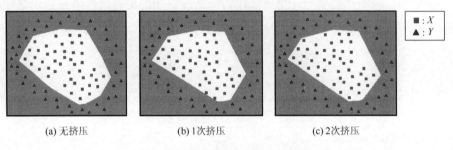

(a) 无挤压　　　　　　　(b) 1次挤压　　　　　　(c) 2次挤压

图 3-3　挤压操作对凸线器的影响

在 X 和 Y 互相为凸可分的情况下，使用 GSCA 能够设计两个方向上的凸线器。如果挤压次数设定为 T，那么两个凸线器可表示为 $CLP_1 = GSCA(X, Y, \varepsilon, T)$ 和 $CLP_2 = GSCA(Y, X, \varepsilon, T)$，与 SCA 相对应，本章定义具有更大间隔的凸线器为最终的分类模型。

3.2.3　算法复杂度

无论 X 和 Y 是否凸可分，由于它们都是有限集，SCA 算法最终一定能够收敛，相关证明参见文献[49]中定理 7。第 2 章已经提到，SCA 的时间复杂度可被估计为 $O(D \cdot (|X| \cdot |Y|) / \varepsilon)$，$D$ 的取值与样本分布和精度参数 ε 相关，代表了算法收敛的最大迭代次数。

同理，GSCA 也是收敛的，但其时间复杂度要高于原有 SCA，高出的部分为执行 T 次挤压所消耗的时间。为了分析方便，首先以 1 次挤压为例：在 X 相对 Y 为凸可分的情况下，挤压操作每次均要使用 Ω 中包含样本最多的子集 Y_p 与 X 进行一个 CDMA 训练，这里考虑最坏的情况，即 $Y_p \approx Y$，每次 CDMA 训练消耗的

时间为 $O(D \cdot (|X|+|Y|)/\varepsilon)$，而 Y 中子集个数最多为 $|Y|$，因此 1 次挤压可看做执行 $|Y|$ 次 CDMA 训练，时间复杂度可估计为 $O(D \cdot |Y| \cdot (|X|+|Y|)/\varepsilon)$。

在训练方向从 X 到 Y 时，包含 T 次挤压的 GSCA 的时间复杂度可被估计为 $O(D \cdot (|X| \cdot |Y|)/\varepsilon + T \cdot D \cdot |Y| \cdot (|X|+|Y|)/\varepsilon)$。同理，在 Y 相对 X 为凸可分的情况下，GSCA 的时间复杂度为 $O(D \cdot (|X| \cdot |Y|)/\varepsilon + T \cdot D \cdot |X| \cdot (|X|+|Y|)/\varepsilon)$。由于要根据凸线器的分类间隔确定最终的分类模型，因此 GSCA 的时间复杂度要综合两部分的结果，最后整理得 $O(D \cdot (|X| \cdot |Y| + T \cdot (|X|+|Y|)^2)/\varepsilon)$。

对于空间复杂度，原有 SCA 只需要存储两类样本，因此它的空间复杂度为 $O(|X|+|Y|)$。而对于 GSCA，它需要新的空间来保存 Ω，因此它的空间复杂度可大致估计为 $O((|X|+|Y|)^2)$。

3.3　组合凸线器的生长设计方法

3.3.1　膨胀操作

给定训练方向从 X 到 Y，SMA 可设计包含若干凸线器的组合凸线器。其中，每一个凸线器均由 X 中单个点与 Y 中全部点经过 SCA 训练得到，而 SCA 会将 X 中的单个点作为一个凸包，然后使用 Y 中的单个点与这个凸包设计线性分类边界。也就是说，组合凸线器中的每一个线性函数均由两个单独点计算生成，从统计的观点来看，这种设计方式并不能够得到合理的分类边界。为提高组合凸线器的分类性能，可以考虑在得到初始凸线器的基础上，使用被此凸线器切开的所有 X 中点与 Y 进行再次训练，以调整分类边界的位置，使其更好地拟合数据分布，进而提升其分类精度。

由 SMA 训练得到的初始组合凸线器表示为 MCLP = {CLP$_k$, $1 \leqslant k \leqslant K$}，此组合凸线器中包含的 K 个凸线器可将集合 X 分成 K 个相互重叠的子集，即

$$X = \bigcup X_k, \quad \psi = \{X_k, 1 \leqslant k \leqslant K\} \tag{3-2}$$

式中，$X_k = \{x | \text{CLP}_k(x) = +1, x \in X\}$，$\text{CLP}_k \in \text{MCLP}$。显然，$X_k$ 是 X 中所有能够被 $\text{CLP}_k(x)$ 正确分类的样本点集合，并且存在 $i \neq j$ 使得 X_i 和 X_j 是重叠的，即 $X_i \bigcap X_j \neq \varnothing$。

　　图 3-4（a）给出了不同凸线器划分的子集间可能存在重叠样本的情况。假设 X 中被凸线器 CLP_1 和 CLP_2 正确划分的样本集分别记为 X_1 和 X_2，那么这两个凸线器相交区域（图中使用阴影表示）中的样本即为 X_1 和 X_2 的重叠样本。通过引入 $\psi = \{X_k, 1 \leqslant k \leqslant K\}$ 来表示被不同凸线器划分的 X 中点子集的集合，可以得到膨胀操作，并进行组合凸线器的生长设计。

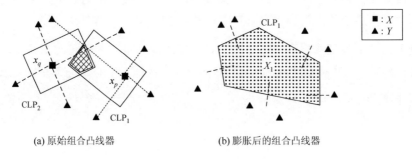

| (a) 原始组合凸线器 | (b) 膨胀后的组合凸线器 |

图 3-4　膨胀操作的几何解释

　　首先，膨胀操作从 ψ 中选择包含样本数量最多的子集 X_p，然后在 X_p 与 Y 间使用 GSCA 训练得到第 1 个新的凸线器，即 $\text{CLP}_1' = \text{GSCA}(X_p, Y, \varepsilon, T)$。$\text{CLP}_1'$ 切掉了 ψ 中所有能够被它正确分类的子集，剩余的集合仍记为 ψ。然后，膨胀操作再从 ψ 中选择最大子集 X_q，生成第 2 个新的凸线器 $\text{CLP}_2' = \text{GSCA}(X_q, Y, \varepsilon, T)$，$\text{CLP}_2'$ 又切掉了 ψ 中的部分子集。重复这个过程，直到 $\psi = \varnothing$ 为止。膨胀过程的详细描述见操作 3-2。

操作 3-2: INFLATE($\text{MCLP}, X, Y, \varepsilon, T$)

输入：初始组合凸线器 $\text{MCLP} = \{\text{CLP}_k, 1 \leqslant k \leqslant K\}$，$X = \{x_i, 1 \leqslant i \leqslant N\}$，$Y = \{y_j, 1 \leqslant j \leqslant M\}$，精度参数 ε，挤压次数 T

1:　$X_k = \{x | \text{CLP}_k(x) = +1, x \in X\}, \text{CLP}_k \in \text{MCLP}$；

2:　$k \leftarrow 1, \psi \leftarrow \{X_i, 1 \leqslant i \leqslant |\text{MCLP}| = K\}$；

3:　$p = \arg\max_i \{|X_i|, X_i \in \psi\}$；

4:　$\text{CLP}_k' = \text{GSCA}(X_p, Y, \varepsilon, T)$；

5:　$\psi = \{X_i | X_i \in \psi - \{X_p\}, \exists x \in X_i, \text{CLP}_k'(x) = -1\}$；

6:　如果 $\psi \neq \varnothing$，那么 $k \leftarrow k+1$，并转到步骤 3；

返回：$\text{MCLP} = \{\text{CLP}_i', 1 \leqslant i \leqslant k\}$

膨胀操作能够使初始组合凸线器中的分类边界得到调整，膨胀时每一个凸线器的计算均在两个凸包间进行，而不再由两个单点来决定，这有利于分类器更好地逼近实际类间边界。由于每次均从 ψ 中选择包含样本数量最多的子集，因此膨胀操作能够减少分类模型中的凸线器规模，并促进相邻凸线器间的合并，从而使原始分类边界得到简化。膨胀操作的几何解释如图 3-4 所示。从图 3-4 中可以看出，膨胀后 2 个凸线器合并为一个，同时整体分类边界向外得到了扩张。

在得到初始的组合凸线器后，膨胀操作对其中的所有凸线器进行分片的调整和修剪，并促进相邻凸线器间的合并，最终将分类边界向外扩展。从这个角度来说，这种逐片的膨胀操作方法可被看做一个典型的"生长"过程。

值得注意的是，膨胀操作中调用了 GSCA，如果其中设置挤压次数不为 0，则膨胀操作中包含着挤压操作，也就是说，此时膨胀不会单纯地从内部向外扩张，它还要受到外部挤压操作的作用，最终使分类边界定位于两个作用相对均衡的位置。

3.3.2　生长支持组合凸线器算法

膨胀操作可进行多次，每次均可能带来分类边界的调整和凸线器数量上的变化。相应地，使用膨胀操作设计组合凸线器的方法称为生长设计方法，该方法通过生长支持组合凸线器算法（growing support multiconlitron algorithm，GSMA）来实现，算法 3-2 给出了 GSMA 的详细描述。

算法 3-2：GSMA($X, Y, \varepsilon, T_1, T_2$)

输入：　$X = \{x_i, 1 \leqslant i \leqslant N\}$，$Y = \{y_j, 1 \leqslant j \leqslant M\}$，精度参数 ε，膨胀次数 T_1，挤压次数 T_2

　1：　MCLP = SMA(X, Y, ε)；

　2：　如果 $T_1 < 1$，转到输出；

　3：　$t \leftarrow 1$；

　4：　MCLP = INFLATE(MCLP, X, Y, ε, T_2)；

　5：　如果 $t \leqslant T_1$，那么 $t \leftarrow t + 1$，并转到步骤 4；

输出：　MCLP

根据算法 3-2 可知，最终的组合凸线器由初始训练得到的组合凸线器经过生长得到，一般来说，这个新分类器中每一个凸线器的计算均在 X 中部分点和 Y 中

全部点之间进行，相比于 SMA 使用单点进行训练的方法，GSMA 能够得到更加合理的分类边界。同时，在生长过程中，GSMA 对初始分类边界进行逐片修剪，并促使相邻凸线器进行合并，这使得凸线器数量得到简化，最终在一定程度上能够提升分类器的泛化能力。

图 3-5 给出了在训练方向从 X 到 Y 的情况下，GSMA 的实时运行效果。其中，在无膨胀操作时［图 3-5（a）］，GSMA 获得的组合凸线器包含 36 个凸线器和 86 个线性函数，此时 GSMA 退化为 SMA；经过 1 次膨胀无挤压［图 3-5（b）］，分类模型中包含 17 个凸线器和 38 个线性函数；经过 1 次膨胀 1 次挤压［图 3-5（c）］，分类模型中包含 13 个凸线器和 21 个线性函数；经过 2 次膨胀 1 次挤压［图 3-5（d）］，分类模型中包含 12 个凸线器和 19 个线性函数。从图 3-5 中可以看出，膨胀操作通常能够调整分类边界，促进相邻凸包的合并，最终简化分类模型。但随着膨胀操作次数的增加，分类边界的位置和凸线器的数量可能会逐渐趋于稳定。

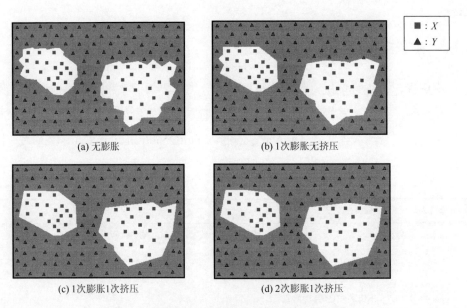

(a) 无膨胀　　　　　　　　　　　　　　(b) 1次膨胀无挤压

(c) 1次膨胀1次挤压　　　　　　　　　　(d) 2次膨胀1次挤压

图 3-5　膨胀操作和挤压操作对组合凸线器的影响

在 X 和 Y 为叠可分的情况下，可通过 GSMA 设计两个方向上的组合凸线器，即 $\mathrm{MCLP}_1 = \mathrm{GSMA}(X, Y, \varepsilon, T_1, T_2)$ 和 $\mathrm{MCLP}_2 = \mathrm{GSMA}(Y, X, \varepsilon, T_1, T_2)$。与第 2 章中的 SMA 相对应，本章定义包含较少线性函数的组合凸线器为最终的分类模型。值得

注意的是，由 GSMA 设计的 $MCLP_1$ 和 $MCLP_2$ 可能具有不同的分类间隔，而由 SMA 设计的两个方向上的组合凸线器总是具有相同的分类间隔。

3.3.3　算法复杂度

由于 X 和 Y 都是有限集，原有 SMA 也一定能够收敛，相关证明参见文献[49] 中的定理 8。在 SMA 中，分类超平面均由两类样本间的单独点对来设计，不涉及凸包间的运算，所以精度参数 ε 对算法几乎没有影响，时间复杂度可被评估为 $O(|X|\cdot|Y|\cdot(|X|+|Y|))$。

同理，GSMA 也是收敛的，但其时间复杂度要高于原有 SMA，高出的部分为执行 T_1 次膨胀操作所消耗的时间。为了说明此时间复杂度的构成，以及能够方便地同 SMA 进行对比，这里将其分为三部分来讨论。

第一部分表示训练初始组合凸线器的时间，即为 SMA 的执行时间，$O(|X|\cdot|Y|\cdot(|X|+|Y|))$。

第二部分表示只膨胀无挤压的时间。为了分析方便，首先以 1 次膨胀为例：在训练方向从 X 到 Y 时，膨胀操作每次均要从 ψ 中选择包含样本最多的子集 X_p 与 Y 进行一个 GSCA 训练，这里考虑最坏的情况，即 $X_p \approx X$，因此消耗时间为 $O(D\cdot(|X|\cdot|Y|)/\varepsilon)$（由于挤压次数为 0，此时 GSCA 即为 SCA），而 X 中子集最多为 $|X|$，因此 1 次膨胀可看做执行 $|X|$ 次 GSCA，时间复杂度可估计为 $O(D\cdot|X|\cdot(|X|\cdot|Y|)/\varepsilon)$。同理，在训练方向为从 Y 到 X 时，1 次膨胀无挤压的时间为 $O(D\cdot|Y|\cdot(|X|\cdot|Y|)/\varepsilon)$，综合两个方向上的结果，并且考虑膨胀次数为 T_1，由此得到第二部分的时间复杂度为 $O(D\cdot T_1\cdot|X|\cdot|Y|\cdot(|X|+|Y|)/\varepsilon)$。

第三部分表示 T_1 次膨胀 T_2 次挤压（即每次膨胀中均包含 T_2 次挤压）情况下的时间复杂度。与第二部分分析相类似，并且综合两个方向上的结果，可得到时间复杂度为 $O(D\cdot T_1\cdot T_2\cdot|X|\cdot|Y|\cdot(|X|+|Y|)/\varepsilon)$。综合三部分的结果，最终得到 GSMA 的时间复杂度为 $O((1+D\cdot T_1/\varepsilon+D\cdot T_1\cdot T_2/\varepsilon)\cdot|X|\cdot|Y|\cdot(|X|+|Y|))$。

对于空间复杂度，原有 SMA 只需要存储两类样本，因此它的空间复杂度为 $O(|X|+|Y|)$。而对 GSMA 来说，它需要新的空间来保存 ψ，因此它的空间复杂度可大致地估计为 $O((|X|+|Y|)^2)$。

3.4　实验结果及分析

本节通过数值实验来评估生长设计方法（包括 GSCA 和 GSMA）的性能，实验分为四部分：第一部分为在人工合成数据集上的实验；第二部分为生长设计方法与原有方法及线性 SVM（SVM.lin）、高斯核 SVM（SVM.rbf）的对比实验；第三部分是生长设计方法与两个典型的分片线性分类器（NNA、DTA）的对比；第四部分为在 n 维单位超球组上的精度测试。实验中使用 GSCA-T 表示生长 T 次（即进行 T 次挤压操作）的 GSCA，使用 GSMA-T_1-T_2 表示生长 T_1 次（即进行 T_1 次膨胀操作，每次膨胀中包含 T_2 次挤压操作）的 GSMA。

由于本书所述算法针对两类分类问题设计和实现，因此实验中所用数据集均只包含两个类别。全部实验均在统一的条件下进行，精度参数设置为 $\varepsilon = 10^{-3}$，处理器为 i5-2400(3.10GHz)，内存为 4GB，Windows 7 操作系统。

3.4.1　在人工合成数据集上的实验

首先考虑 4 个人工合成数据集：双螺旋数据集[102]、双抛物线数据集[102]、马鞍数据集[81]和双月亮数据集[49]。这 4 个数据集可被看做模式识别领域中典型的非线性可分问题，同时是检验模式识别算法的有效手段。对每一个数据集，分别应用 SMA 和 GSMA，图 3-6 给出了二维平面中的分类效果。

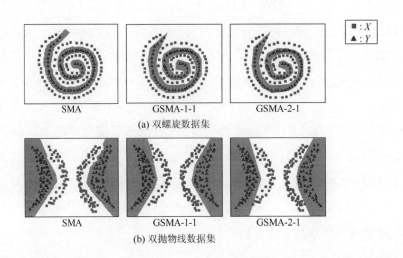

(a) 双螺旋数据集

(b) 双抛物线数据集

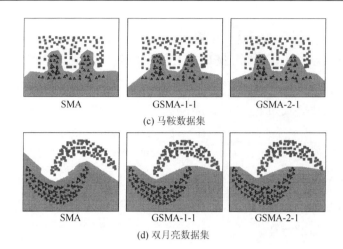

(c) 马鞍数据集

(d) 双月亮数据集

图 3-6　在 4 个人工合成数据集上的实验

从图 3-6 可以看出，生长设计方法与原有方法均能实现对训练数据的正确划分。表 3-1 给出了图 3-6 所对应的实验结果，包括凸线器数量和线性函数总数。从表 3-1 中可以看出，由 GSMA 设计的组合凸线器中包含更少的凸线器和线性函数。经过生长，使分类边界得到调整、分类模型得到简化，期望新的分类模型在测试集上有好的表现，能够提高分类精度，并增强泛化能力。

表 3-1　SMA 和 GSMA 在 4 个人工合成数据集上的对比

数据集	凸线器数量			线性函数总数		
	SMA	GSMA-1-1	GSMA-2-1	SMA	GSMA-1-1	GSMA-2-1
双螺旋	66	31	30	224	122	115
双抛物线	54	9	5	185	18	10
马鞍	24	12	10	90	28	18
双月亮	12	3	3	43	5	4

3.4.2　在标准数据集上的实验

本节以原有算法和 SVM 为基准，评估生长设计方法的性能。为了体现客观性，从加州大学欧文分校（UCI）的机器学习数据库[103]中选择 13 个数据集来进行实验，数据集描述见表 3-2。为避免 SVM 中出现由于使用核函数而引起的数值计算困难[104, 105]，本书将表 3-2 所列数据集均缩放到[0, 1]范围内。但同时考虑到，组合凸线器框架建立在几何理论基础之上，数据空间结构对算法影响较大，因此，本书使用几何缩放方法将每个数据集的整体特征进行统一压缩，保持几何相对位置的不变性，缩放公式如下：

$$\text{attr}^{\text{new}} = \text{lower} + \frac{(\text{lower} - \text{upper})(\text{attr} - \text{min})}{\text{min} - \text{max}} \tag{3-3}$$

式中，max 和 min 分别表示数据集中所有特征的最大值和最小值；lower 和 upper 分别表示缩放后的下上界，这里取 0 和 1；attr 表示缩放前某一特征值；attr^{new} 表示经过几何缩放后的特征值。

表 3-2　实验所用数据集

数据集名称	简写	样本数量	维度
Breast Cancer Wisconsin（Diagnostic）	BRE	569	30
German Credit Data	GER	1000	24
Heart	HEA	297	13
Ionosphere	ION	351	34
Magic Gamma Telescope	MAG	19020	10
Musk（version 1）	MUS	476	166
Parkinsons	PAR	195	22
Pima-indians-diabetes	PIM	768	8
Sonar	SON	208	60
Monks-1	MO1	124+432	6
Monks-2	MO2	169+432	6
Monks-3	MO3	122+432	6
Spectf Heart	SPE	80+187	44

　　实验中，由于最后的 4 个数据集已被 UCI 分成"训练+测试"两部分，所以直接对其进行训练和测试。而对于前 9 个数据集，分 10 次随机将其切为两半，一半用于训练，另一半用于测试，然后统计它们的平均实验结果。

　　SVM 使用两种类型，带参数 C 的线性 SVM（表示为 SVM.lin）和带参数（C,γ）的高斯核 SVM（表示为 SVM.rbf）。在实验中，分别使用 LIBLINEAR[106] 和 LIBSVM[107] 来执行测试。对于 LIBLINEAR，直接设置参数 C 为默认值，这是

因为 LIBLINEAR 对 C 值并不敏感，相关建议可参见文献[106]中的"参数选择"部分。对于 LIBSVM，参数的值通过 10 折交叉验证来选取，C 和 γ 的候选集均为 $\{10^i | i = -6, -5, \cdots, 5, 6\}$。

1. 凸可分实验

表 3-2 中存在 3 个凸可分的数据集，它们是 MUS、SON 和 SPE。这 3 个数据集的凸性判断过程下：在精度 $\varepsilon = 10^{-3}$ 的条件下，利用 SCA 对其进行训练，算法收敛并得到一组线性函数，然后利用此线性函数集再对它们进行测试，得到正确率为 100%，由此判断这 3 个数据集在 ε 精度下是凸可分的。

这 3 个数据集被用来评估 SCA 和 GSCA 的性能，测试结果包括表 3-3 所列的分类精度和训练时间，以及表 3-4 所列的线性函数数量和测试时间。如前所述，GSCA-T 表示通过 GSCA 在生长设计凸线器过程中使用了 T 次挤压，实验中，T 的取值范围为 1～5。

表 3-3　GSCA 和 SCA 在分类精度（%）（训练时间：s）上的对比

数据集	SCA	GSCA-1	GSCA-2	GSCA-3	GSCA-4	GSCA-5
MUS	85.52±2.03 （0.249）	86.40±2.37 （0.369）	86.40±3.04 （0.487）	87.53±2.09 （0.630）	86.19±2.58 （0.718）	87.15±2.91 （0.856）
SON	78.67±4.38 （0.021）	78.48±3.63 （0.032）	80.48±3.12 （0.042）	80.57±3.12 （0.052）	78.86±3.47 （0.062）	78.67±4.14 （0.073）
SPE	59.89 （0.007）	65.24 （0.012）	69.52 （0.016）	71.66 （0.019）	70.59 （0.023）	72.19 （0.028）

表 3-4　GSCA 和 SCA 在线性函数数量（测试时间：ms）上的对比

数据集	SCA	GSCA-1	GSCA-2	GSCA-3	GSCA-4	GSCA-5
MUS	120（4.60）	44（1.80）	37（1.40）	32（1.20）	28（0.99）	25（0.94）
SON	44（0.72）	15（0.19）	13（0.11）	12（0.11）	11（0.10）	11（0.10）
SPE	33（0.40）	18（0.20）	16（0.20）	16（0.20）	14（0.10）	13（0.10）

从表 3-3 及表 3-4 所列的实验结果中可以得到如下结论。

（1）在数据集 MUS 和 SON 上，GSCA 能够获得与 SCA 相当的分类精度；

而在数据集 SPE 上，GSCA 能够获得比 SCA 更高的分类精度。对 3 个数据集来说，分类精度最高值均在 GSCA-T 处取得。在数据集 SPE 上，生长设计方法表现出明显的优势，GSCA-5 取得最高的精度 72.19%，比 SCA（59.89%）提升了 12.30%。

（2）由 GSCA 设计的凸线器通常包含更少的线性函数。特别当 $T=1$ 时，线性函数数量明显下降，如在 MUS 上，GSCA-1 得到了 44 个线性函数，较生长之前，减少了约 63%。随着生长次数 T 的增加，线性函数数量减少的程度放缓，并逐渐趋于稳定。

（3）随着生长次数 T 的增加，GSCA 会花费越来越多的训练时间。而对测试时间来说，由于分类模型中的线性函数集规模越来越小，因此测试时间会相应减少。如在 SPE 上，SCA 花费了 0.4ms，而 GSCA-5 只用了 0.1ms。

2. 叠可分实验

由于表 3-2 中的数据集均是叠可分的，因此可直接在它们上运行 GSMA 和 SMA。实验结果包括表 3-5 所列的分类精度和训练时间，以及表 3-6 所列的凸线器数量、线性函数总数和测试时间。GSMA-T_1-T_2 表示通过 GSMA 生长设计组合凸线器过程中使用了 T_1 次膨胀，每次膨胀包含 T_2 次挤压。本节实验中，T_1 的取值范围为 1～5，T_2 取值为 1。另外，表 3-5 中也给出了 SVM 的实验结果，用以作为分类性能的标准对照。表 3-6 中给出了 SVM 的测试时间，以及高斯核 SVM 产生的支持向量数。

通过表 3-5 和表 3-6 可以得到如下结论。

（1）在分类精度方面，GSMA 在 8 个数据集上（即 GER、ION、MAG、MUS、MO1、MO2、MO3、SPE）表现明显要好于 SMA；在另外的 5 个数据集上（即 BRE、HEA、PAR、PIM、SON）上表现出与 SMA 相当的水平。

（2）当生长次数 $T=1$ 时，GSMA 在其中一些数据集上表现出显著的性能提升，如在 SPE 上，SMA 的分类精度为 60.43%，而 GSMA-1-1 达到了 70.05%，提高了近 10%。另外，随着 T 的增加，精度会出现一些变化，并在大体上表现出一定的升高趋势。

（3）随着生长次数的增加，GSMA 所花费的训练时间也越来越多，在部分数据集上表现非常明显。如在 MAG 上，SMA 花费约 169s 来训练并得到 1 个组合凸线器，而 GSMA-1-1 需要 9620s 来进行 1 次的生长设计，多了约 56 倍。GSMA-5-1 需要 4.169×10^5 s 来进行 5 次的生长设计，比 SMA 多了约 2466 倍。

表 3-5　GSMA、SMA、SVM.lin、SVM.rbf 在分类精度（%）（训练时间：s）上的对比

数据集	SMA	GSMA-1-1	GSMA-2-1	GSMA-3-1	GSMA-4-1	GSMA-5-1	SVM.lin	SVM.rbf
BRE	91.86±0.90 (0.044)	92.07±0.72 (0.138)	92.18±1.07 (1.747)	92.11±0.98 (5.747)	90.21±6.70 (11.325)	93.05±1.51 (22.597)	90.60±1.02 (0.001)	94.67±1.49 (15.606)
GER	64.58±1.27 (0.338)	69.28±2.13 (1.569)	69.32±2.07 (3.002)	69.38±1.91 (5.216)	69.40±1.91 (9.569)	69.36±1.93 (16.926)	72.18±1.28 (0.003)	75.28±1.56 (26.143)
HEA	59.41±4.14 (0.019)	60.74±2.54 (0.044)	60.15±2.54 (0.075)	60.07±2.67 (0.118)	60.44±2.59 (0.158)	60.81±2.89 (0.206)	69.63±3.39 (0.001)	81.33±3.77 (10.211)
ION	86.93±2.48 (0.051)	89.89±1.53 (0.135)	90.97±1.48 (0.241)	90.28±1.64 (0.367)	90.23±1.77 (0.512)	90.06±2.06 (0.664)	84.77±3.19 (0.002)	93.30±2.58 (5.879)
MAG	77.45±0.47 (169.012)	79.95±0.28 (9.620×10^{3})	80.18±0.44 (3.405×10^{4})	80.41±0.37 (1.074×10^{5})	80.61±0.37 (2.971×10^{5})	80.68±0.34 (4.169×10^{5})	78.81±0.12 (0.018)	85.98±0.25 (5.534×10^{5})
MUS	82.97±1.84 (0.736)	84.85±2.46 (1.605)	84.39±2.41 (2.598)	85.06±2.08 (3.641)	85.02±2.10 (4.680)	84.73±2.29 (5.862)	80.79±2.42 (0.011)	90.29±1.78 (25.694)
PAR	82.76±3.02 (0.008)	82.86±2.71 (0.023)	82.45±4.46 (0.048)	82.35±3.82 (1.798)	82.04±3.23 (2.418)	82.04±3.57 (4.128)	78.06±2.46 (0.002)	83.98±2.59 (3.438)
PIM	67.89±1.89 (0.122)	68.72±2.53 (0.393)	68.78±2.69 (1.497)	68.62±2.53 (6.006)	68.67±2.55 (12.552)	68.96±2.53 (25.351)	65.76±1.13 (<0.001)	75.60±1.91 (12.943)
SON	79.71±3.62 (0.037)	79.52±3.79 (0.093)	79.33±3.18 (0.153)	80.38±4.36 (0.220)	80.29±3.01 (0.290)	79.62±3.24 (0.362)	73.81±5.54 (0.005)	80.95±3.17 (3.055)
MO1	91.90 (0.006)	93.29 (0.016)	96.53 (0.025)	96.53 (0.035)	96.30 (0.044)	96.06 (0.054)	68.52 (<0.001)	93.29 (5.675)
MO2	74.77 (0.017)	78.70 (0.047)	77.55 (0.075)	78.94 (0.105)	80.56 (0.134)	79.63 (0.165)	61.34 (<0.001)	80.32 (9.591)
MO3	87.50 (0.007)	92.59 (0.019)	93.29 (0.034)	92.36 (0.051)	92.36 (0.068)	92.59 (0.083)	73.15 (<0.001)	95.60 (3.223)
SPE	60.43 (0.019)	70.05 (0.044)	74.33 (0.069)	70.05 (0.088)	71.12 (0.109)	75.94 (0.133)	62.03 (<0.001)	70.05 (2.973)

表 3-6 GSMA、SMA 在凸线器数量、线性函数总数（测试时间：ms）上的对比

数据集	SMA	GSMA-1-1	GSMA-2-1	GSMA-3-1	GSMA-4-1	GSMA-5-1	SVM.lin	SVM.rbf
BRE	27, 95 (0.90)	17, 46 (0.42)	15, 40 (0.42)	13, 36 (0.32)	11, 31 (0.30)	9, 29 (0.30)	— (0.06)	37 (19.14)
GER	146, 1981 (8.80)	95, 952 (3.80)	92, 941 (3.80)	91, 937 (3.80)	90, 932 (3.80)	90, 932 (3.80)	— (0.09)	253 (37.63)
HEA	57, 400 (0.72)	30, 146 (0.34)	27, 135 (0.31)	27, 129 (0.22)	26, 128 (0.20)	26, 127 (0.17)	— (0.02)	61 (7.01)
ION	56, 462 (0.90)	21, 36 (0.56)	20, 33 (0.40)	18, 31 (0.44)	17, 29 (0.36)	17, 30 (0.36)	— (0.04)	85 (7.22)
MAG	2962, 65567 (3453.50)	2100, 45057 (1968.20)	2036, 42849 (1526.00)	2015, 42238 (1480.00)	1998, 42021 (1404.00)	1987, 41834 (1371.00)	— (1.15)	2833 (1973.30)
MUS	133, 5095 (11.80)	41, 84 (1.90)	33, 85 (1.53)	29, 96 (1.40)	26, 102 (1.20)	25, 110 (1.30)	— (0.16)	183 (48.83)
PAR	17, 70 (0.58)	10, 33 (0.28)	10, 31 (0.17)	10, 30 (0.16)	10, 28 (0.16)	10, 28 (0.16)	— (0.02)	35 (5.40)
PIM	129, 1111 (2.50)	73, 501 (1.20)	71, 477 (0.99)	68, 468 (1.00)	67, 465 (0.98)	66, 463 (0.99)	— (0.04)	212 (17.54)
SON	47, 1026 (1.10)	18, 60 (0.50)	14, 53 (0.40)	13, 54 (0.25)	12, 54 (0.18)	11, 52 (0.23)	— (0.03)	77 (8.07)
MO1	18, 155 (0.40)	12, 41 (0.10)	7, 19 (0.10)	4, 12 (0.10)	4, 14 (0.10)	3, 12 (0.10)	— (0.05)	52 (11.46)
MO2	62, 406 (1.00)	37, 179 (0.45)	30, 135 (0.30)	28, 134 (0.30)	27, 137 (0.30)	27, 137 (0.30)	— (0.21)	92 (4.69)
MO3	25, 129 (1.00)	10, 29 (0.10)	10, 36 (0.10)	10, 32 (0.10)	9, 33 (0.10)	9, 33 (0.10)	— (0.05)	69 (9.43)
SPE	37, 861 (1.00)	19, 26 (0.10)	14, 23 (0.10)	11, 18 (0.10)	11, 21 (0.10)	10, 20 (0.10)	— (0.06)	56 (8.64)

（4）使用生长方法设计的组合凸线器中包含更少的凸线器和线性函数，这使得生长方法需要更少的时间进行预测。当 $T=1$ 时，分类模型中凸线器数量和线性函数总数减少最明显，如在 MUS 上，由 SMA 训练得到的组合凸线器包含 133 个凸线器和 5095 个线性函数。经过 1 次生长后，GSMA-1-1 设计的组合凸线器只包含 41 个凸线器和 84 个线性函数，相比于 SMA 分别减少了 92 个凸线器和 5011 个线性函数。然而，当生长次数达到某个值后，这种下降趋势不再明显，分类模型逐渐趋于稳定。

（5）相比于 SVM，在分类精度方面，SMA 在 9 个数据集上（除 GER、HEA、MAG、SPE）要高于线性 SVM，而 GSMA 在 10 个数据集上（除 BRE、GER、HEA）要高于线性 SVM。然而，无论 SMA 还是 GSMA，与高斯核 SVM 相比，还存在一定差距。在训练时间方面，线性 SVM 要更快一些，而高斯核 SVM 要进行参数寻优，通常情况下会花费比 GSMA 和 SMA 更多的时间。但如果 GSMA 中生长次数持续增加，那么它所消耗的时间也会越来越多。

3.4.3　与 NNA 和 DTA 的对比实验

最近邻分类器（nearest neighbor algorithm，NNA）是广为熟知的机器学习算法[108]，一个未知样本根据它与其他样本的近邻关系被相应分类。在文献[109]中说明了 NNA 在本质上是一种分片线性分类器，因此这里给出 GSMA 与 NNA 在精度上的对比实验。另外，本节也对比了由 Kostin 提出的决策树方法（DTA）[47]，该方法已经在第 1 章进行过详细说明，这里不再赘述。

在与 NNA 和 DTA 的对比实验中，生长方法选择 GSMA-1-1 来执行测试。为使对比更加直观，表 3-7 最后两行给出了 GSMA-1-1 与 NNA、DTA 的精度差值。从表 3-7 中可以看出，GSMA-1-1 在 11 个数据集（除 PAR、MO2 外）上，测试精度要高于 NNA，在 SPE 上取得最大的正差值 9.62%，在 MO2 上取得最大的负差值–0.70%。在与 DTA 的对比实验中，GSMA-1-1 在 11 个数据集（除 HEA、PIM 外）上表现出一定的精度优势。其中，在 MO1 上取得最大的正差值 27.55%，在 HEA 上取得最大的负差值–2.67%。通过与 NNA 和 DTA 这些传统方法进行对比，说明 GSMA 具有明显的竞争力。

表 3-7　GSMA 和 NNA、DTA 的分类精度（%）对比

算法	BRE	GER	HEA	ION	MAG	MUS	PAR	PIM	SON	MO1	MO2	MO3	SPE
NNA	91.89	65.04	60.59	84.32	77.27	82.72	83.06	67.97	79.33	83.80	79.40	84.95	60.43
DTA	89.05	68.18	63.41	86.53	67.94	69.62	73.78	69.17	71.24	65.74	60.42	85.65	66.84
GSMA-1-1	92.07	69.28	60.74	89.89	79.95	84.85	82.86	68.72	79.52	93.29	78.70	92.59	70.05
-NNA	0.18	4.24	0.15	5.57	2.68	2.13	−0.20	0.75	0.19	9.49	−0.70	7.64	9.62
-DTA	3.02	1.10	−2.67	3.36	12.01	15.23	9.08	−0.45	8.28	27.55	18.28	6.94	3.21

3.4.4　在 n 维单位超球组上的实验

为了说明维度对 GSCA 和 GSMA 性能的影响，本节随机生成了一组 $n(n = 2, 4, 6, \cdots, 80)$ 维单位超球，它们中的每一个均包含 2000 个样本，并且满足 $\|x\| \leqslant 1$，分类边界设置为 $\|x\| = 0.5$。图 3-7 和图 3-8 分别给出了使用不同算法得到的精度对比折线图。

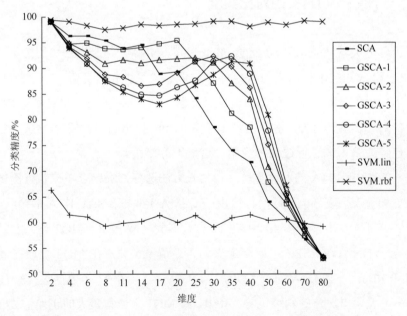

图 3-7　GSCA 与 SCA、SVM 在 n 维单位超球上的分类精度对比

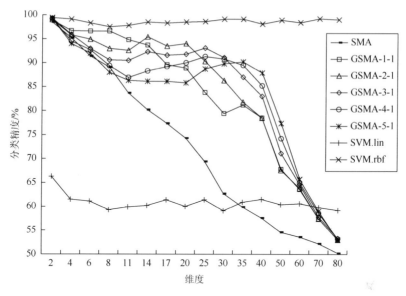

图 3-8 GSMA 与 SMA、SVM 在 n 维单位超球上的分类精度对比

从图中可看出,当 $n \leqslant 20$ 时,GSCA 的分类精度低于 SCA;但当 $n \geqslant 25$ 时,GSCA 的分类精度明显高于 SCA;直到 $n \geqslant 80$,两者又表现出相近的趋势。对于 GSMA,除 $n = 4$ 外,在其他每个单位球上分类性能均要好于 SMA。但生长设计方法依然受到维度增加的影响,总体性能呈下降趋势,而 SVM 则相对稳定。

3.5 小 结

本章论述了设计组合凸线器的新方法,即生长设计方法,该方法包括两个基本操作,即挤压和膨胀。在初始得到的组合凸线器的基础上,它对分类边界进行再次调整,使其移动到更加合理的位置,进而能够更好地拟合数据分布。挤压操作和膨胀操作均可进行多次,但随着生长次数的增加,分类性能会逐渐趋于稳定,并带来训练时间的消耗。

生长设计方法能够改善组合凸线器的分类性能,提高其在测试集上的分类精度,从而增强其泛化能力。实验证实,经过生长,通常能够带来分类性能的提升,同时使分类模型得到简化。简化的模型更易于存储,并且能够显著缩短预测时间,这对于未来将分片线性分类器集成到小侦察机器人、智能相机、嵌入式及实时系统和一些便携设备中提供了诸多便利。

但同时需要指出，生长设计方法还存在一些缺点和局限。例如，它依然要求数据集必须是叠可分的；在高维数据集上，它可能仍然存在过拟合问题。但不可否认的是，作为一种新方法，它又向分片线性学习的目标迈进了一步，为改善分片线性分类器的性能做出了有益的尝试。

第4章　极大切割设计方法

为简化分类模型结构，本章提出了一种设计组合凸线器的新方法，称为极大切割设计方法（maximal cutting method）。该方法由两阶段训练构成：第一阶段称为极大切割过程，通过迭代不断寻求能够切开最多样本的分类边界，并以此来设计尽可能小的决策函数集，最大程度减少决策函数集中线性函数/凸线器的数量，最终简化分类模型；第二阶段称为边界调整过程，对极大切割过程得到的初始分类边界进行一个二次训练，调整边界到适当位置，以提高分类器的泛化能力。实验表明，在保证分类精度的情况下，极大切割设计方法能够产生更为简单的分类模型，简化的模型有助于提高组合凸线器对高维数据的分类能力。

极大切割设计方法和第 3 章中的生长设计方法都能够简化分类模型，并且在设计组合凸线器中采用了一些相似操作。但需要说明的是，它们是截然不同的两种方法，并存在本质上的区别。本章在最后将会讨论两者之间的关键差异，并给出实验上的对比。

4.1　奥卡姆剃刀原理

避免过拟合是模式分类器设计过程中要遵循的重要原则，一个过拟合的模型往往导致比较差的泛化能力，如图 4-1 所示。生长设计方法的有效或许可以给一些启示，即简单的分类模型比复杂的模型在测试数据集上会有更好的表现。这符合一般化的哲学原则——奥卡姆剃刀原理，也称为简单有效原理，它说明"如无必要，勿增实体"。在模式识别中，它被认为是一种忠告，即设计者不应该选用比"必要"更加复杂的分类器，其中所谓"必要"是由训练数据的拟合情况所决定的[6]。

当两类数据集为叠可分时，原有方法（即 SMA）设计的组合凸线器能够使训练误差（即经验风险）为零，但该模型中包含了大量的凸线器和线性函数，增加

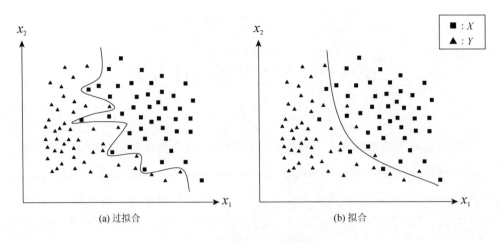

图 4-1　不同模型的拟合情况

了出现过拟合的风险。因此，值得考虑的问题是，能否在奥卡姆剃刀原理的指导下，设计一个更简单^①的分类器，在保证最小化训练误差的情况下，使凸线器数量和线性函数总数得到明显减少。

　　生长设计方法在这方面做出了一些尝试，但该方法的初衷是提高组合凸线器的分类精度，而模型简化是在改善分类精度前提下的附属之物。另外，生长设计方法是对初始凸线器/组合凸线器的修剪，在模型简化上或许还不够深刻。

　　基于奥卡姆剃刀原理的推动，本章论述一种设计极简的组合凸线器的新方法，即极大切割设计方法。该方法采用贪婪策略，每次均选择能够切开最多样本点的凸线器/线性函数放入决策函数集，并以此来设计极简的分类边界。期望该方法在保证分类精度的同时，能够极大地简化分类模型结构并显著地缩短预测时间，使分类器在高维复杂数据分类中表现出一定的优势。

4.2　凸线器的极大切割设计方法

4.2.1　极大切割过程

　　当 X 相对 Y 为凸可分时，使用原有方法 SCA 可设计从 X 到 Y 的凸线器。但

---

① 这里所说的简单，指的是分类模型结构简单，而非设计方法简单。

SCA 在设计过程中，每次均从 Y 集合中选择距离 CH(X) 最近的点，考虑到这样产生的线性函数总数不能够保证尽可能地少，所以本章提出一种极大切割思想来选取尽可能少的线性函数。图 4-2（a）说明了原有 SCA 与本章所提的极大切割设计方法的差别，SCA 使用 Y 中距离 CH(X) 的最近点计算得到 2 个线性函数为 $f_1(x)$ 和 $f_2(x)$。采用极大切割设计方法后，只计算得到 1 个线性函数 $g_1(x)$，它能够切开 Y 中最多的点。

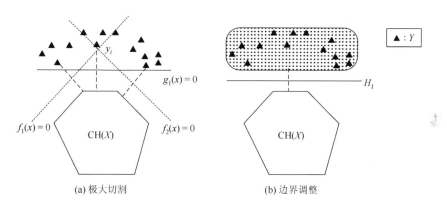

(a) 极大切割　　　　　　　　　(b) 边界调整

图 4-2　凸线器的极大切割设计

给定训练方向从 X 到 Y，极大切割设计方法首先选择能够切掉 Y 中最多点的线性函数 $g_p(x)$ 作为第一个决策函数（值得注意的是，在原有设计方法中选择最近，而这里寻求最多），然后去掉 Y 中满足条件 $g_p(y)<0$ 的点，剩余的点仍记为 Y。接下来，继续选择能够切掉 Y 最多点的线性函数 $g_q(x)$ 作为第二个决策函数，并将满足条件 $g_q(y)<0$ 的点从 Y 中去掉。重复这个过程，直到 $Y=\varnothing$。经过选择，所有的决策函数构成一个凸线器。由于 Y 是一个有限集，经过若干次切割后，这个过程一定会停止，此时满足 $Y=\varnothing$。

令 $G(x)$ 表示 Y 中每个点与 X 进行 CDMA 训练得到的初始线性函数集，定义一个极大切割过程（maximal cutting process，MCP）来完成上述极少决策函数的选取。MCP 每次均从 $G(x)$ 中选取能够切开 Y 中最多点的线性函数作为决策函数，详细描述见过程 4-1。

过程 4-1：C-Maximal-Cutting（$Y, G(x)$）

　输入：初始线性函数集 $G(x) = \{g_i(x), 1 \leqslant i \leqslant |Y|\}$，$Y = \{y_j, 1 \leqslant j \leqslant M\}$

　　　1：counter$[i] = 0, 1 \leqslant i \leqslant |Y| = M$；

　　　2：$i \leftarrow 1$；

　　　3：$Y_i = \{y | g_i(y) < 0, y \in Y, g_i(x) \in G(x)\}$；

　　　4：counter$[i] \leftarrow |Y_i|$；

　　　5：如果 $i \leqslant M$，那么 $i \leftarrow i+1$，并转到步骤 3；

　　　6：$p = \arg\max_i \{\text{counter}[i], 1 \leqslant i \leqslant M\}$；

　返回：p

为了与后续的相似操作区分，这里取符号 SCA 中的字母 C 来表示极大切割的 SCA 算法中的这一过程，即 C-Maximal-Cutting；相应地，后续极大切割的 SMA 中的过程称为 M-Maximal-Cutting。

每个线性函数 $g_i(x)$ 都将 CH(X) 与一组点 Y_i 分开，而 $g_i(x)$ 最初却是由 Y 中的单个点和 X 中的全部点经过 CDMA 训练得到的，从统计的观点来看，由单个点与 CH(X) 设计的这个线性函数并不能代表合理的分类边界。为了得到更有效的线性边界，这里使用 Y_i 中的所有点与 X 进行一个二次训练，使初始得到的线性边界得到调整，以提高分类器总体的泛化能力。这个过程称为边界调整过程（boundary adjusting process，BAP），记为 C-Boundary-Adjusting。

边界调整的直观解释如图 4-2 所示。初始边界 $g_1(x) = 0$ 由单个点 y_t 与 X 经过 CDMA 训练得到 [图 4-2（a）]，它切开了 $g_1(x) = 0$ 上方的若干点 Y_t，经过边界调整后，由 Y_t 与 X 共同训练得到了新的边界 H_1 [图 4-2（b）]。从图中可看出新的线性边界泛化能力更好。值得注意的是，分类边界由 $g_1(x) = 0$ 变为 H_1，既包含着极大切割过程中的线性函数选取，又包含着边界调整过程中的校正。

4.2.2　极大切割支持凸线器算法

极大切割过程和边界调整过程组合在一起，构成了一种新的凸线器设计方法，称为极大切割（maximal cutting，MC）的 SCA，记为 MC-SCA。详细描述如算法 4-1 所示。

算法 4-1：MC-SCA（X,Y,ε）

输入：$X = \{x_i, 1 \leq i \leq N\}$，$Y = \{y_j, 1 \leq j \leq M\}$，精度参数 ε

1: $l \leftarrow 1$；
2: $G(x) = \left\{g_i(x)\middle| g_i(x) = \text{CDMA}(X, \{y_i\}, \varepsilon), 1 \leq i \leq M\right\}$；
3: $p = \text{C-Maximal-Cutting}(Y, G(x))$；
4: $Y_t = \left\{y\middle| g_p(y) < 0, y \in Y\right\}$；
5: $G_t(x) = \left\{g_j(x)\middle| y_j \in Y_t\right\}$；
6: $f_l(x) = \text{CDMA}(X, Y_t, \varepsilon)$；
7: $Y = Y - Y_t$；
8: $G(x) = G(x) - G_t(x)$；
9: 如果 $Y \neq \varnothing$，那么 $l \leftarrow l+1$，并转到步骤 3；

输出：$\text{CLP} = \left\{f_i(x), 1 \leq i \leq l\right\}$

从 MC-SCA 的描述中可以清晰地看到，极大切割过程处于该算法的第一阶段，目的是得到更少的决策函数，以简化分类模型结构。而处于第二阶段的边界调整过程（即二次训练，见算法 4-1 步骤 6）是为了得到更为合理的线性边界，以提高其泛化能力。这两个过程构成了两阶段训练的主体，尽管它们的设计带有启发性，但从后续的数值实验中可以看到它们的有效性。由于集合 X 和 Y 的对称性，很容易得到在 Y 相对 X 为凸可分的情况下极大切割的 MC-SCA。

给定训练方向从 X 到 Y，图 4-3 展示了二维平面中 SCA 与 MC-SCA 设计的凸线器的情况。其中，SCA 设计的凸线器包含 11 个线性函数，而 MC-SCA 设计的凸线器中只包含 6 个线性函数。直观来看，经过极大切割设计方法设计的凸线器通常具有更简单的模型结构，期望它在对高维复杂数据进行分类时，能够表现出一定的优势。

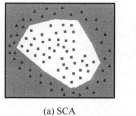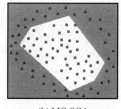

■ : X
▲ : Y

(a) SCA　　　　　　　(b) MC-SCA

图 4-3　由 SCA 与 MC-SCA 产生的凸线器的对比

在 X 和 Y 互相为凸可分的情况下，使用 MC-SCA 能够设计两个方向上的凸线器，表示为 $\text{CLP}_1 = \text{MC-SCA}(X,Y,\varepsilon)$ 和 $\text{CLP}_2 = \text{MC-SCA}(Y,X,\varepsilon)$。与 SCA 相对应，本章定义具有更大间隔的凸线器为最终的分类模型。

4.2.3　算法复杂度

根据极大切割过程的描述和解释，容易得知 MC-SCA 是收敛的，但其时间复杂度要高于原有 SCA。为了说明此时间复杂度的构成，以及方便地同 SCA 进行对比，将其分为两部分来讨论。

第一部分表示在 MC-SCA 不进行边界调整的情况下，算法所用时间与 SCA 基本相同，即 $O(D \cdot (|X| \cdot |Y|) / \varepsilon)$。尽管决策函数的取法不同，SCA 取距离最近，而 MC-SCA 取切割最多，但从总体上进行估计，两者可取得相同的时间复杂度。

第二部分代表了边界调整所用的时间，在 X 相对 Y 为凸可分的情况下，每次调整均要使用 Y 的部分点 Y_i 与 X 进行一个 CDMA 训练，这里考虑最坏的情况，即每次调整都消耗一个 X 中全部点和 Y 中全部点的 CDMA 训练时间，即 $O(D \cdot (|X| + |Y|) / \varepsilon)$，而最多调整次数为 Y 中点的个数 $|Y|$，由此得到所用时间为 $O(D \cdot |Y| \cdot (|X| + |Y|) / \varepsilon)$。同理，可得到在 Y 相对 X 为凸可分的情况下，边界调整的时间复杂度为 $O(D \cdot |X| \cdot (|X| + |Y|) / \varepsilon)$。最后综合两部分的结果，在总体上，将 MC-SCA 的时间复杂度大致估计为 $O(D \cdot (|X| \cdot |Y| + (|X| + |Y|)^2) / \varepsilon)$。

值得注意的是，在实际实现的过程中，极大切割过程所消耗的时间低于算法中描述的情形，因为它里面的数组 counter[i] 可以在 MC-SCA 的第 2 步初始得到，在以后的迭代过程中根据保留的样本点坐标相应调整即可。

MC-SCA 的空间复杂度与原有 SCA 相同，只需要存储两类样本即可，因此为 $O(|X| + |Y|)$。

4.3　组合凸线器的极大切割设计方法

4.3.1　极大切割过程

对于叠可分的两类数据 X 和 Y，给定训练方向从 X 到 Y，原有方法 SMA 在设计组合凸线器的过程中，每次均从 X 集合中选择距离 Y 最近的点 x_p，即满足 $d(x_p, Y) = \min\{d(x_i, Y), x_i \in X\}$。但这样产生的线性函数总数不能够保证尽可能地少，所以这里同样引入一种极大切割设计方法，来选取尽可能少的决策函数。

图 4-4（a）用以说明极大切割设计方法与原有 SMA 的差别，SMA 使用 X 中距离 Y 的最近点设计凸线器为 CLP_1，而极大切割要设计能够切开最多 X 中点的凸线器 CLP_2。

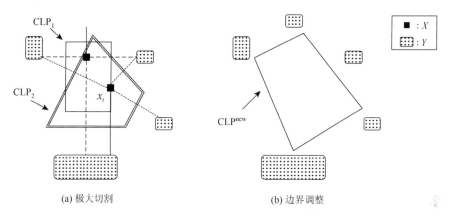

(a) 极大切割　　　　　　　　　　　(b) 边界调整

图 4-4　组合凸线器的极大切割设计

令 GCLP 表示 X 中每个点与 Y 进行训练得到的初始凸线器集合，极大切割过程 M-Maximal-Cutting（见过程 4-2 描述）从 GCLP 中选择能够切掉 X 中最多点的 $gCLP_p$ 作为第一个决策凸线器，然后去掉 X 中满足条件 $gCLP_p(x_i) = +1$ 的点，剩余的点仍记为 X。接下来，继续选择能够切掉 X 中最多点的 $gCLP_q$ 作为第二个决策凸线器，它又切掉了满足 $gCLP_q(x_i) = +1$ 的这些点，重复这个过程，直到 $X = \varnothing$。这样所有的决策凸线器构成一个组合凸线器 MCLP。由于 X 是一个有限集，经过若干次切割后，这个过程一定会停止，即此时满足 $X = \varnothing$。

过程 4-2：M-Maximal-Cutting（X,GCLP）

输入：初始凸线器集合 $GCLP = \left\{ gCLP_i, 1 \leqslant i \leqslant |X| \right\}$，$X = \{x_i, 1 \leqslant i \leqslant N\}$

1：$counter[i] = 0, 1 \leqslant i \leqslant |X| = N$；

2：$i \leftarrow 1$；

3：$X_i = \left\{ x | gCLP_i(x) = +1, x \in X, gCLP_i \in GCLP \right\}$；

4：$counter[i] \leftarrow |X_i|$；

5：如果 $i \leqslant N$，那么 $i \leftarrow i + 1$，并转到步骤 3；

6：$p = \arg\max_i \left\{ counter[i], 1 \leqslant i \leqslant N \right\}$；

返回：p

经过极大切割过程后，能够找到切开 X 中最多点的凸线器 $gCLP_p$，它分开了一组 X 中的点 X_p 与 Y，但它最初只是由 X_p 中的单个点与 Y 训练得到的边界，从统计的观点看，这个由 $gCLP_p$ 中所有线性函数围成的边界并不能代表合理的分类面。所以这里使用 X_p 中的全部样本与 Y 进行一个二次训练，调整分类边界到合理位置，以提高分类器的泛化能力，这个过程仍然称为边界调整过程，记为 M-Boundary-Adjusting。与 C-Boundary-Adjusting 不同，M-Boundary-Adjusting 是一组线性边界的调整。

边界调整的直观解释如图 4-4 所示。初始凸线器 CLP_2 由单个点 x_t 与 Y 经过 MC-SCA 训练得到［图 4-4（a）］，它切开了 X 中的若干点 X_t，经过边界调整后，由 X_t 与 Y 共同训练得到了新的凸线器 CLP^{new}［图 4-4（b）］。边界调整旨在通过点集之间的训练来克服使用单独点对设计边界的缺点，从而增加分类器的适应能力。值得注意的是，分类边界由 CLP_2 调整为 CLP^{new}，既包含着极大切割过程中的凸线器选取，又包含着边界调整过程中的校正。

4.3.2　极大切割支持组合凸线器算法

极大切割过程和边界调整过程组合在一起，构成了新的组合凸线器设计方法，称为极大切割的 SMA，记为 MC-SMA，描述如算法 4-2 所示。

算法 4-2：MC-SMA（X,Y,ε）

输入：$X=\{x_i,1\leq i\leq N\}$，$Y=\{y_j,1\leq j\leq M\}$，精度参数 ε
1：$k\leftarrow1$；
2：$GCLP=\{gCLP_i|gCLP_i=\text{MC-SCA}(\{x_i\},Y,\varepsilon),1\leq i\leq N\}$；
3：$p=\text{M-Maximal-Cutting}(X,GCLP)$；
4：$X_t=\{x|gCLP_p(x)=+1,x\in X\}$；
5：$GCLP_t=\{gCLP_j|x_j\in X_t\}$；
6：$CLP_k=\text{MC-SCA}(X_t,Y,\varepsilon)$；
7：$X=X-X_t$；
8：$GCLP=GCLP-GCLP_t$；
9：如果 $X\neq\varnothing$，那么 $k\leftarrow k+1$，并转到步骤 3；
输出：$MCLP=\{CLP_i(x),1\leq i\leq k\}$

同 MC-SCA 类似，极大切割过程位于 MC-SMA 的第一阶段，目的是得到极少的决策凸线器，以简化分类模型结构。接下来在第二阶段使用边界调整过程（即二次训练，见算法 4-2 步骤 6）来获得更为合理的分类边界。由于集合 X 和 Y 的对称性，能够容易得到 Y 相对 X 为凸可分的情况下极大切割的 MC-SMA。

给定训练方向从 X 到 Y，图 4-5 展示了二维平面中 SMA 与 MC-SMA 设计的组合凸线器的情况。其中，SMA 设计的组合凸线器包含 36 个凸线器、86 个线性函数；而 MC-SMA 设计的组合凸线器中包含 15 个凸线器、65 个线性函数。直观来看，经过极大切割设计方法设计的组合凸线器通常有更简单的结构，期望简化的分类模型能够更适应高维空间中的分类任务。

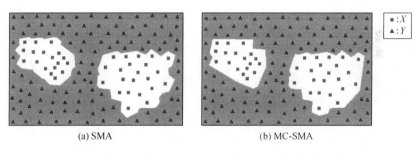

(a) SMA　　　　　　　　　(b) MC-SMA

图 4-5　由 SMA 与 MC-SMA 产生的组合凸线器的对比

当 X 与 Y 为叠可分时（即 $X \bigcap Y = \varnothing$），使用 MC-SMA 能够设计两个方向上的组合凸线器，表示为 $\text{MCLP}_1 = \text{MC-SMA}(X, Y, \varepsilon)$ 和 $\text{MCLP}_2 = \text{MC-SMA}(Y, X, \varepsilon)$。与 SMA 确定分类模型的方式相一致，本章定义具有更少线性函数的组合凸线器为最终的分类模型。

4.3.3　算法复杂度

根据 4.3.1 节的描述，容易得知 MC-SMA 是收敛的。但其时间复杂度要高于原有 SMA，为了说明此时间复杂度的构成，以及能够方便地同 SMA 进行对比，将其分为两部分来讨论。

第一部分表示在 MC-SMA 不进行边界调整的情况下，算法所用时间与 SMA 基本相同，即 $O(|X| \cdot |Y| \cdot (|X| + |Y|))$。尽管两种方法中决策凸线器的取法不同，

SMA 取距离最近，而 MC-SMA 取切割最多，但从总体上来看，两者可取得相同的时间复杂度。

第二部分代表了边界调整所用的时间，在训练方向从 X 到 Y 时，每次调整均要使用 X 中的部分点 X_i 与 Y 进行一个 MC-SCA 训练。考虑最坏的情况，即每次调整都消耗一个 X 中全部点和 Y 中全部点的 MC-SCA 训练时间，即 $O(D \cdot (|X| \cdot |Y| + (|X| + |Y|)^2) / \varepsilon)$，而最多调整次数为 X 中点的个数 $|X|$，由此得到所用时间为 $O(|X| \cdot D \cdot (|X| \cdot |Y| + (|X| + |Y|)^2) / \varepsilon)$。同理，可得到在训练方向从 Y 到 X 时，边界调整的时间复杂度为 $O(|Y| \cdot D \cdot (|X| \cdot |Y| + (|X| + |Y|)^2) / \varepsilon)$。最后综合两部分的结果，在总体上，将 MC-SMA 的时间复杂度大致估计为 $O(D \cdot ((|X| + |Y|) \cdot (|X|^2 + |Y|^2)) / \varepsilon)$。

与 SMA 不同，MC-SMA 的边界调整过程包含样本集凸包间的训练，所以精度参数 ε 对算法存在一定影响。值得注意的是，MC-SMA 在每次极大切割后，对分类边界的调整均是一个凸线器中所有线性边界的调整，而 MC-SCA 每次的调整只是一条线性边界的调整。

MC-SMA 的空间复杂度与 SMA 相同，为 $O(|X| + |Y|)$。

4.4　实验结果及分析

本节通过数值实验来评估极大切割设计方法（包括 MC-SCA 和 MC-SMA）的性能。实验分为四部分：①在人工合成数据集上的实验；②极大切割设计方法与原有方法及线性 SVM（SVM.lin）、高斯核 SVM（SVM.rbf）的对比实验；③极大切割设计方法与两个典型的分片线性分类器（NNA、DTA）的对比；④在 n 维单位超球组上的精度测试。实验所用数据集都只包含两个类别，全部实验均在统一的条件下进行，精度参数设置为 $\varepsilon = 10^{-3}$，处理器为 i5-2400（3.10GHz），内存为 4GB，Windows 7 操作系统。

4.4.1　在人工合成数据集上的实验

首先给出 SMA 和 MC-SMA 在 4 个人工合成数据集（从左至右依次为双螺旋、双抛物线、马鞍、双月亮）上的对比实验。图 4-6 为相应二维平面中的分类效果。

其中，图 4-6（a）使用 SMA，图 4-6（b）使用 MC-SMA。表 4-1 是统计的凸线器数量和线性函数总数。

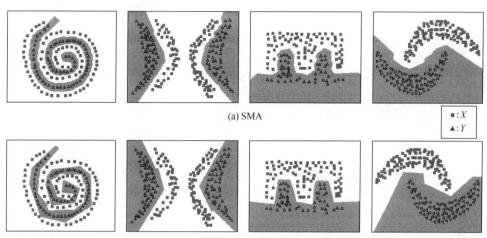

(a) SMA

■:X
▲:Y

(b) MC-SMA

图 4-6　SMA 和 MC-SMA 在 4 个人工合成数据集上的对比实验

表 4-1　MC-SMA 和 SMA 在 4 个人工合成数据集上的对比

数据集	凸线器数量		线性函数总数	
	MC-SMA	SMA	MC-SMA	SMA
双螺旋	17	66	42	224
双抛物线	6	54	14	185
马鞍	5	24	11	90
双月亮	3	12	5	43

从图 4-6 和表 4-1 中可以看出，MC-SMA 得到的分类边界要比 SMA 简单，线性函数数量更少。在 4 个数据集上，线性函数总数都至少减少了 50%，在双抛物线数据集上更是达到了 92%。根据奥卡姆剃刀原理，通常简单的分类模型比复杂的模型具有更好的分类能力，期望极大切割设计方法能够设计更有效的组合凸线器，使其在高维数据分类中表现良好。

4.4.2　在标准数据集上的实验

本节以原有 SMA 和 SVM 为基准，评估极大切割设计方法的分类性能。实验所用 UCI 标准数据集如表 3-2 所示，其中每一个均几何缩放到[0, 1]范围，缩放方式见式（3-3）。实验中，对后 4 个数据集直接进行训练和测试；对前 9 个数据集中的每一个，分 10 次随机将其切为两半，一半用于训练，另一半用于测试，然后统计平均实验结果。

与第 3 章相同，SVM 使用两种类型——带参数 C 的线性 SVM（表示为 SVM.lin）和带参数（C,γ）的高斯核 SVM（表示为 SVM.rbf），并分别使用 LIBLINEAR 和 LIBSVM 来执行测试。

1. 凸可分实验

首先使用 3 个凸可分数据集（即 MUS、SON 和 SPE）来对 MC-SCA 和 SCA 进行性能评估，实验结果如表 4-2 所示，包括分类精度、线性函数数量、训练时间和测试时间。

表 4-2　MC-SCA 和 SCA 的对比

数据集	分类精度/%		线性函数数量		训练时间(s)/测试时间(ms)	
	SCA	MC-SCA	SCA	MC-SCA	SCA	MC-SCA
MUS	85.52±2.03	85.90±1.93	120	45	0.249/4.60	0.371/2.92
SON	78.67±4.38	79.33±4.24	44	18	0.021/0.72	0.031/0.27
SPE	59.89	64.71	33	20	0.007/0.40	0.015/0.15

从表 4-2 中可以看出，MC-SCA 的分类精度要比 SCA 略高一些，而线性函数的数量却有了非常明显的下降。在 MUS 和 SON 上，线性函数数量减少了 50%以上，在 SPE 上也减少了超过 30%。凸可分数据集上的实验验证了所述方法的有效性，能够在保证精度的情况下使分类模型结构得到一定程度的简化。由于引入了两阶段训练过程，MC-SCA 所消耗的训练时间要多于 SCA。但同时因为分类模型中决策函数数量减少，所以测试时间也相应减少。

2. 叠可分实验

表 4-3 为极大切割设计方法 MC-SMA 与原有设计方法 SMA 及 SVM（SVM.lin 和 SVM.rbf）的对比实验结果，所用数据集均为叠可分，类间无重合样本。性能

评价指标包括分类精度和训练时间。另外，为了说明引入极大切割过程后，生成模型的简化程度，表 4-4 给出了 MC-SMA 与 SMA 在凸线器数量、线性函数总数、测试时间上的对比。

表 4-3　MC-SMA 和 SMA 在分类精度和训练时间的对比

数据集	分类精度/%				训练时间/s			
	MC-SMA	SMA	SVM.lin	SVM.rbf	MC-SMA	SMA	SVM.lin	SVM.rbf
BRE	91.79±1.27	91.86±0.90	90.60±1.02	94.67±1.49	0.722	0.044	0.001	15.606
GER	67.68±1.46	64.58±1.27	72.18±1.28	75.28±1.56	3.205	0.338	0.003	26.143
HEA	62.30±3.72	59.41±4.14	69.63±3.39	81.33±3.77	0.081	0.019	0.001	10.211
ION	88.41±1.37	86.93±2.48	84.77±3.19	93.30±2.58	0.253	0.051	0.002	5.879
MAG	79.19±1.21	77.45±0.47	78.81±0.12	85.98±0.25	9727.720	169.012	0.018	5.534×10^5
MUS	83.93±1.90	82.97±1.84	80.79±2.42	90.29±1.78	2.178	0.736	0.011	25.694
PAR	82.14±3.16	82.76±3.02	78.06±2.46	83.98±2.59	0.033	0.008	0.002	3.438
PIM	66.22±2.07	67.89±1.89	65.76±1.13	75.60±1.91	1.490	0.122	<0.001	12.943
SON	78.38±2.81	79.71±3.62	73.81±5.54	80.95±3.17	0.119	0.037	0.005	3.055
MO1	97.22	91.90	68.52	93.29	0.032	0.006	<0.001	5.675
MO2	82.41	74.77	61.34	80.32	0.093	0.017	<0.001	9.591
MO3	94.44	87.50	73.15	95.60	0.031	0.007	<0.001	3.223
SPE	62.03	60.43	62.03	70.05	0.047	0.019	<0.001	2.973

表 4-4　MC-SMA 和 SMA 在凸线器数量和线性函数总数上的对比

数据集	凸线器数量		线性函数总数		测试时间/ms	
	MC-SMA	SMA	MC-SMA	SMA	MC-SMA	SMA
BRE	16	27	42	95	0.32	0.90
GER	99	146	459	1981	3.00	8.80
HEA	29	57	104	400	0.16	0.72
ION	19	56	30	462	0.28	0.90
MAG	1322	2962	9687	65567	327.00	3453.50
MUS	45	133	124	5095	2.04	11.80
PAR	10	17	29	70	0.23	0.58
PIM	69	129	299	1111	1.45	2.50
SON	19	47	72	1026	0.20	1.10
MO1	11	18	44	155	0.13	0.40

数据集	凸线器数量		线性函数总数		测试时间/ms	
	MC-SMA	SMA	MC-SMA	SMA	MC-SMA	SMA
MO2	33	62	165	406	0.31	1.00
MO3	12	25	45	129	0.15	1.00
SPE	22	37	53	861	0.31	1.00

从表 4-3 中可以看出，MC-SMA 在 9 个数据集上（除 BRE、PAR、PIM、SON 外）分类精度要高于 SMA，并且在其中的一些数据集上，精度提高明显。如在 MO2 和 MO3 上分别提高了 7.64%和 6.94%。所以在总体上，MC-SMA 的分类精度要好于 SMA。但由于引入了边界调整进程，MC-SMA 的训练时间要多于 SMA。

与 SVM 的对比实验中，MC-SMA 在 10 个数据集上（除 GER、HEA、SPE 外）分类精度要高于线性 SVM，最大的正差值为 28.70%（MO1），最大的负差值为−7.33%（HEA）；但它只在 2 个数据集上（MO1、MO2）好于高斯核 SVM。另外，在训练时间的对比上，线性 SVM 优势明显。而高斯核 SVM 需要进行参数寻优，因此它所消耗的训练时间要多于 MC-SMA。

通过表 4-4 可以得到，在所列的数据集上，由 MC-SMA 得到的线性函数数量均小于 SMA，且都至少减少了 50%。对比最明显的为 MUS 数据集，SMA 得到线性函数总数为 5095，而 MC-SMA 为 124，减少了约 97.6%。在 ION、SON 和 SPE 上，都减少了 90%以上。从标准数据集的实验中可以得到证实，MC-SMA 在保证分类精度的情况下，能够得到更简化的分类模型。

4.4.3　与 NNA 和 DTA 的对比实验

图 4-7 给出了 MC-SMA 与两个典型分片线性分类器（NNA 和 DTA）在分类精度上的对比。由于 NNA 和 DTA 的分类精度已在表 3-7 中列出，因此这里只给出三种方法的对比柱状图。

从图 4-7 中可以看出，MC-SMA 在 9 个数据集上（除 BRE、PAR、PIM、SON）分类精度要高于 NNA，在另外的 4 个数据集上略低于 NNA。在 MO1 上，取得最大的正差值 13.42%，在 PIM 上取得最大的负差值−1.75%。在与 DTA

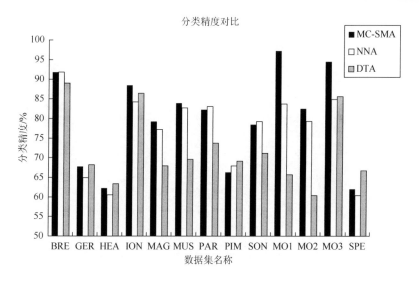

图 4-7　MC-SMA 和 NNA、DTA 在分类精度上的对比

的对比实验中，9 个数据集上（除 GER、HEA、PIM、SPE 外）的分类精度要高于 DTA。在 MO1 取得最大的正差值 31.48%，在 PIM 上取得最大的负差值–4.81%。通过与 NNA 和 DTA 这些传统的分片线性分类器相对比，说明 MC-SMA 具有明显的竞争力。

4.4.4　在 n 维单位超球组上的实验

下面给出极大切割设计方法在 n 维单位超球组上的实验结果，用以说明维度对 MC-SCA 和 MC-SMA 性能的影响。实验所用单位超球组与第 3 章描述一致。图 4-8 和图 4-9 分别给出了使用不同算法得到的精度对比折线图。

从图中可以看出，当 $n \leqslant 14$ 时，MC-SCA 的分类精度要低于 SCA；但当 $n \geqslant 17$ 时，MC-SCA 的分类精度要高于 SCA；直到 $n \approx 80$，两者又表现出相近的趋势。对于 MC-SMA，在每一个单位超球上分类性能均要好于 SMA。但极大切割设计方法依然受到维度增加的影响，总体性能呈下降趋势，而 SVM 则相对稳定。

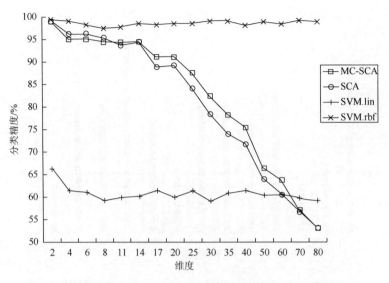

图 4-8　MC-SCA 和 SCA、SVM 在 n 维单位超球上的分类精度对比

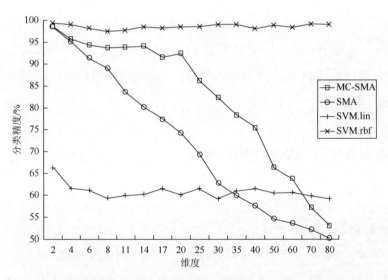

图 4-9　MC-SMA 和 SMA、SVM 在 n 维单位超球上的分类精度对比

4.5　与生长设计方法的对比分析

极大切割设计方法在设计组合凸线器的过程中，每次均从候选凸线器集合中选择能够切开最多样本的凸线器作为分类模型，然后对此模型进行边界调整。这种操作方式与生长设计方法存在相似之处，但这种相似仅仅存在于表现方式的层

面。在本质上，它与生长方法存在明显的区别。下面就从几个方面来说明它们之间的关键差异。

（1）提出的初衷不同。生长设计方法提出的目的在于改善组合凸线器的分类性能，重点是提升分类精度。根据第 3 章的实验可以看到，生长设计方法在分类精度方面，均要优于原有设计方法。而极大切割设计方法旨在通过简化分类模型，来增强组合凸线器的泛化能力，从而遵循奥卡姆剃刀原理的简单有效原则。

（2）方法的实质不同。生长设计方法以原方法为基础，在获得初始组合凸线器基础上，使用两个操作（挤压和膨胀）对这个组合凸线器进行逐片修剪。而极大切割设计方法使用贪婪策略，直接设计极简的组合凸线器。

（3）初始凸线器集合不同。生长设计方法所用的初始凸线器集合由原有算法 SMA 训练得到，集合中的所有凸线器能够构成一个组合凸线器。另外，根据 SMA 可知，每一个凸线器均由两类样本中的最近点计算得到，在训练方向从 X 到 Y 的情况下，初始凸线器集合中的元素数一般要小于 X 中的样本数。而极大切割设计方法所用的初始凸线器集合包含的元素数恒等于 X 的样本容量（即 $|X|$），并且其中的每一个凸线器均为 MC-SCA 训练得到。值得注意的是，这个集合通常不能构成一个组合凸线器，因为里面包含冗余的凸线器。

（4）模型的简化程度不同。在初始凸线器集合基础上，生长设计方法需要进行逐片修剪，直至达到预设的生长次数为止。而极大切割设计方法每次均从初始凸线器集合中选择能够切开最多样本的凸线器作为分类模型。需要说明的是，生长设计方法也有选最多的过程，但它选择的来源已不是所有可能的凸线器，而是初始组合凸线器中包含的某一个。从这个角度来说，生长设计方法的模型简化程度要弱于极大切割设计方法。

图 4-10 给出了由极大切割设计方法与生长设计方法设计的组合凸线器中线性函数总数的对比。从图 4-10 和表 3-6 及表 4-4 中可以看出，当样本数量大于 500 时，极大切割设计方法设计的组合凸线器中包含更少的线性函数，并且数据集的规模越大，这种趋势越明显。而随着数据集规模的增大，生长设计对分类模型的修剪也变得越来越有限。

值得注意的是，在本章"引言"部分提到极大切割设计方法旨在设计一种"极简"的组合凸线器，而未声明为"最简"。这是因为极大切割设计方法采用贪婪

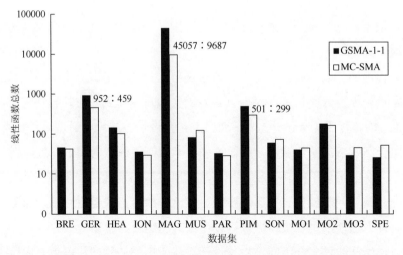

图 4-10　由 MC-SMA 与 GSMA-1-1 训练得到的组合凸线器中线性函数总数的对比

策略，在每一次迭代中均采取当前状态下最好的选择，从而希望结果是最简化的模型。但这种策略并不能保证得到的最终结果是最佳的。在图 4-10 中的部分数据集上也验证了这一点，如在 MUS、SON、MO1、MO3 和 SPE 上，生长设计方法得到的组合凸线器包含更少的线性函数。

4.6　小　　结

在人工和标准数据集上的实验说明，极大切割设计方法的性能较 SMA 有一定提高，在满足对训练集正确划分的条件下，包含的线性函数更少，产生的预测模型更简单，所以具有更好的分类能力。

4.5 节通过 4 个方面说明了极大切割设计方法与生长设计方法的区别，尽管它们都能够改善组合凸线器的分类性能，但生长设计方法侧重于提升分类精度，而极大切割设计方法侧重于简化分类模型。

同时应看到，极大切割设计方法仍然存在一些缺点和局限。与生长设计方法一样，它也要求数据集必须是叠可分的；随着数据维度的增加，分类性能还存在下降趋势。但正是这些待解决问题的存在，为后续研究提供了丰富的科学问题，也有可能产生更多的研究成果。

第5章　软间隔设计方法

软间隔设计方法（soft margin method）的提出基于如下考虑：在 SVM 设计中，软间隔设计方法是一种实用的并且成功的策略，它能够改善分类性能并且缓解由于过拟合所带来的影响，更重要的是它能够处理非叠可分数据。因此通过引入软间隔技术到组合凸线器框架中，从而设计不受数据集可分性限制的方法。

软间隔设计方法首先映射原空间数据到高维特征空间，然后利用 K 均值聚类算法将其中一类样本聚类成多个簇，并在每一簇与另一类样本间设计凸线器，最后集成组合凸线器。实验说明，该方法能够解决原有设计算法不适用于非叠可分数据的问题，并且在一定程度上简化了分类模型结构。软间隔设计方法从克服叠可分限制角度完善了组合凸线器这一通用理论框架，能够对分片线性学习的发展起到一定的促进作用。

需要说明的是，软间隔设计方法在设计组合凸线器时使用了一种近似的线性核函数。该核函数能够将低维空间中的数据显式映射到高维特征空间，并且具有清晰的空间度量变化的解释。另外，软间隔设计方法也不需要进行核函数的选择工作，只是使用该核函数的线性形式来为分类边界提供指导，并最终使分类器具有处理非叠可分数据的能力。软间隔设计方法继续在统一的框架下进行分片线性分类器的设计研究，并使分片线性学习的内容得到有益补充。

5.1　显式空间映射

在 SVM 分类中，对非线性可分情况的通常处理方法是，通过映射 $\phi(\cdot)$ 将原始输入空间数据映射到高维特征空间，然后在特征空间中设计线性分类超平面。但空间映射对于某些情况还是难于处理，如映射后数据依然非线性可分，出现这种情况可能并不是因为数据本身是非线性的结构，而只是由于数据中带有噪声。这种偏离正常位置的数据点称为离群点（outlier）。对离群点通常的处理方法是引入松弛变量 ξ，允许由于部分离群点出现而带来的损失。此时 SVM 的目标函数为

$$\min \frac{1}{2}\|w\|^2 + C \sum_{i \in |X \cup Y|} (\xi_i)^d$$

$$\text{s.t. } w \cdot \phi(x_i) + b \geqslant 1 - \xi_i, \quad i \in |X|, \quad \xi_i \geqslant 0$$

$$w \cdot \phi(y_j) + b \leqslant -1 + \xi_j, \quad j \in |Y|, \quad \xi_j \geqslant 0 \qquad (5\text{-}1)$$

式（5-1）称为软间隔支持向量机（soft margin SVM），记为 SM-SVM。它的对偶形与式（2-4）基本相同，这里不再给出。X、Y 代表两类样本集，C 为惩罚因子，用来实现模型复杂性和分类误差的最佳折中。损失函数可以是一阶的（$d=1$），也可以是二阶的（$d=2$），阶数不同代表了不同的 SVM 模型。

二阶 SM-SVM 具有一个非常好的性质，通过一个简单的变换，式（5-1）可以变为硬间隔支持向量机（hard margin SVM），记为 HM-SVM[110]。假设 e_k 表示 $\mathbf{R}^l (l = |X| + |Y|)$ 空间中的向量，它的第 k 维值等于 1，其余的 $l-1$ 维值全为 0。这样可实现 $\mathbf{R}^n$ 到 $\mathbf{R}^m$ 的转换，其中 $m = n + l$。令 x_i'、y_j' 表示经过变换后高维空间中的样本，它与原空间样本 x_i、y_j 的关系如下：

$$\begin{cases} x_i' = \phi(x_i) = \left(x_i, \dfrac{e_i}{\sqrt{2C}}\right) = \left[x_i, 0, \cdots, \dfrac{1}{\sqrt{2C}}, \cdots, 0\right] \\ y_j' = \phi(y_j) = \left(y_j, \dfrac{-e_{|X|+j}}{\sqrt{2C}}\right) = \left[y_j, 0, \cdots, \dfrac{-1}{\sqrt{2C}}, \cdots, 0\right] \end{cases} \qquad (5\text{-}2)$$

式中，$x_i \in X$，$i \in |X|$；$y_j \in Y$，$j \in |Y|$。式（5-2）给出了空间映射后高维特征空间的样本与原空间样本的对应关系。实际上，上述映射实现了样本的显式维度扩充，图 5-1 给出了维度扩充示意图。

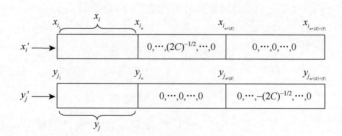

图 5-1　维度扩充示意图

接下来可定义扩展空间 $\mathbf{R}^m$ 中分类超平面的法向量 w' 和偏置 b' 的值[100]：

$$w' = \left[w, \sqrt{2C}\xi_1, \cdots, \sqrt{2C}\xi_i, \cdots, \sqrt{2C}\xi_l\right], \quad b' = b \qquad (5\text{-}3)$$

经过上述变换后（即用 w'、b'、x_i'、y_j' 代替 w、b、x_i、y_j），每一个样本 x_i 新扩充的维度中，一定存在唯一的一个非零元，而它所在的位置能够与其他样本相区分。这样在扩展空间 $\mathbf{R}^m$ 中，两类样本实现了线性可分，能够使用 HM-SVM 的目标函数来求解分类超平面。值得注意的是，由于松弛变量 ξ_i 的出现，二阶 SM-SVM 的可行解空间总是非空的，这也导致经过变换后得到的 HM-SVM 总能求得可行解[100]。

在 $\mathbf{R}^m$ 中，HM-SVM 要满足约束条件 $w'\cdot\phi(x_i)+b'\geq 1$ 和 $w'\cdot\phi(y_j)+b'\leq -1$。以 x_i 为例，$w'\cdot\phi(x_i)$ 的值可计算如下：

$$
\begin{aligned}
w'\cdot\phi(x_i) &= \left(w,\sqrt{2C}\xi\right)\cdot\left(x_i,\frac{e_i}{\sqrt{2C}}\right) \\
&= \left[w,\sqrt{2C}\xi_1,\cdots,\sqrt{2C}\xi_i,\cdots,\sqrt{2C}\xi_l\right]\cdot\left[x_i,0,\cdots,\frac{1}{\sqrt{2C}},\cdots,0\right] \\
&= w\cdot x_i + \xi_i
\end{aligned}
\tag{5-4}
$$

根据式（5-4），$w'\cdot\phi(x_i)+b'\geq 1$ 变换为 $w\cdot x_i+b\geq 1-\xi_i$，由此可以得到，在扩展空间 $\mathbf{R}^m$ 中的 HM-SVM 隐含了原空间 $\mathbf{R}^n$ 中的 SM-SVM。经过式（5-2）的映射后，在非线性可分情况下，寻求最优分类超平面问题可以转换为在线性可分情况下的寻优问题。

一个值得注意的问题是，如果按式（5-2）的方式直接进行维度扩充，那么将导致严重的计算负担，即出现"维数灾难"问题。而核函数却能够解决这个问题，它可以在原空间中以函数的形式来计算高维空间中的内积。下面给出表达上述显式映射的核函数：

$$
K(x_i,x_j) = x_i\cdot x_j + \delta_{i,j}\frac{1}{2C}
\tag{5-5}
$$

式中，$\delta_{i,j}$ 称为克罗内克 δ（Kronecker delta）函数，当 $i=j$ 时，$\delta_{i,j}=1$，当 $i\neq j$ 时，$\delta_{i,j}=0$。这样对于任意训练样本 (x_i,x_j)，核函数 $K(x_i,x_j)$ 的值很容易被计算出来。

5.2　CDMA 的带核推广

为了处理非叠可分数据，并允许部分离群点的存在，在组合凸线器框架中引入软间隔思想。首先需要将该框架的基础算法——交叉距离最小化算法（CDMA）推广到带核的形式。

如果两类数据 X 和 Y 是线性可分的，CDMA 通过求解两个凸包 CH(X) 和 CH(Y) 之间的最近点来设计 HM-SVM，详细描述可参见 2.2.2 节。为了在非线性可分情况下使用 CDMA，需要通过式（5-2）将原空间 $\mathbf{R}^n$ 扩展到高维空间 $\mathbf{R}^m$，然后在 $\mathbf{R}^m$ 中计算两个凸包 CH(X') 和 CH(Y') 的最近点，其中 X'、Y' 为 X、Y 经过坐标扩展后的两类样本集。前面已经说明，如果直接进行维度扩充，将导致"维数灾难"问题，因此需要使用式（5-5）所示的核函数。为了使用该核函数，需要将 CDMA 改为使用内积描述的形式，文献[111]将线性可分的 SK 算法推广到了带核的形式，这种推广方式为本章相似操作提供了很好的借鉴。

5.2.1 核化的 CDMA

令 (x^*, y^*) 表示使用 CDMA 得到的两个凸包 CH(X) 和 CH(Y) 间的最近点对，通过引入乘子 $\alpha_i(i \in |X|)$ 和 $\beta_j(j \in |Y|)$，它们可用 X 和 Y 中点的凸组合形式来表示：

$$x^* = \sum_{i \in |X|} \alpha_i \cdot x_i, \quad \sum_{i \in |X|} \alpha_i = 1; \quad y^* = \sum_{j \in |Y|} \beta_j \cdot y_j, \quad \sum_{j \in |Y|} \beta_j = 1 \qquad (5\text{-}6)$$

在实际操作中，只需要取 $\alpha_i > 0$ 和 $\beta_j > 0$ 的样本组合来分别表示 x^* 和 y^* 即可。这些样本对于构成凸包间最近点对 (x^*, y^*) 均作出了贡献，它们最终确定了优化的分类超平面，并且满足 $\alpha_i > 0$ 和 $\beta_j > 0$ 的样本通常位于分类边界的附近，是它们支撑起了类间的最大间隔，因此被称为支持向量（support vector）。每一个支持向量前面的系数，也就是相应的乘子，代表了该支持向量在设计最近点对过程中的贡献大小。例如，在图 2-4（b）中可以看到 $x^* = (1-\lambda)x_1 + \lambda x_2$，对应式（5-6）中，$\alpha_1 = 1-\lambda$，$\alpha_2 = \lambda$。

CDMA 在每次迭代中，x^* 的值都会更新。假设使用 x^{new} 表示新得到的 x^* 值，x_t 表示每次迭代所用到 X 集合中的一个样本，如图 5-2 所示。在接下来的第一次迭代中（虚线表示），找到 $x_{t1} \in X$，然后计算 λ 的值，得到 $\lambda \geq 1$。进而求出新的 x^* 值（x^{new1}），即 $x^{\text{new1}} = x_{t1}$；接下来进行第二次迭代（实线表示），找到 $x_{t2} \in X$ 用以设计新的最近点对，计算得到 $0 < \lambda < 1$，并求出 $x^{\text{new2}} = (1-\lambda)x_{t1} + \lambda x_{t2}$。

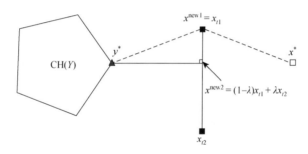

图 5-2　x_t 的几何意义

根据式（5-6），x^{new} 也可表示为相应的乘子形式，并且有式（5-7）成立：

$$
\begin{aligned}
x^{\text{new}} &= \sum_{i\in|X|} \alpha_i^{\text{new}} \cdot x_i \\
&= (1-\lambda)\cdot \sum_{i\in|X|} \alpha_i \cdot x_i + \lambda \cdot x_t \\
&= \sum_{i\in|X|} [\alpha_i(1-\lambda) + \lambda\cdot\delta_{i,t}]\cdot x_i
\end{aligned}
\tag{5-7}
$$

下面给出对式（5-7）的证明。

证明　假设在 CDMA 的迭代过程中，使用 x^{new} 表示新得到 x^* 的值，x_t 表示此次迭代所用到 X 集合中的一个样本，根据 CDMA 的算法描述和最近点的几何解释（图 2-4）可以得到

$$
x^{\text{new}} = (1-\lambda)x^* + \lambda x_t
$$

令 α_i^{new} 表示构成 x^{new} 的样本凸组合的乘子，则上式可写为

$$
\sum_{i\in|X|} \alpha_i^{\text{new}} \cdot x_i = (1-\lambda)\sum_{i\in|X|}\alpha_i \cdot x_i + \lambda x_t
$$

引入克罗内克 δ 函数，λx_t 可被表示为

$$
\sum_{i\in|X|} \lambda\delta_{i,t}\cdot x_i
$$

只有当 $i=t$ 时，$\lambda\delta_{i,t}\cdot x_i$ 的值才不为 0，所以得到

$$
\sum_{i\in|X|} \alpha_i^{\text{new}}\cdot x_i = \sum_{i\in|X|} [\alpha_i(1-\lambda) + \lambda\cdot\delta_{i,t}]\cdot x_i
$$

证毕。

对于式（5-7），当 $i=t$ 时，$\delta_{i,t}=1$，否则 $\delta_{i,t}=0$。这样每次对 x^* 的调整可以转化为对 α_i 的调整：

$$\alpha_i^{\text{new}} = \alpha_i(1-\lambda) + \lambda \cdot \delta_{i,t} \qquad (5\text{-}8)$$

相应地，可以得到对 y^* 调整的乘子形式：

$$\beta_j^{\text{new}} = \beta_j(1-\mu) + \mu \cdot \delta_{j,t} \qquad (5\text{-}9)$$

为使用核函数形式表达 CDMA，引入标记符号集 $\{A, B, C, D, E, F, G\}$。其中，每一符号可使用一些典型向量的内积来表示：

$$
\begin{cases}
A = x^* \cdot x^* = \left(\sum_{i \in |X|} \alpha_i \cdot x_i\right) \cdot \left(\sum_{j \in |X|} \alpha_j \cdot x_j\right) = \sum_{i \in |X|} \sum_{j \in |X|} \alpha_i \cdot \alpha_j \cdot (x_i \cdot x_j) \\[2mm]
B = y^* \cdot y^* = \left(\sum_{i \in |Y|} \beta_i \cdot y_i\right) \cdot \left(\sum_{j \in |Y|} \beta_j \cdot y_j\right) = \sum_{i \in |Y|} \sum_{j \in |Y|} \beta_i \cdot \beta_j \cdot (y_i \cdot y_j) \\[2mm]
C = x^* \cdot y^* = \left(\sum_{i \in |X|} \alpha_i \cdot x_i\right) \cdot \left(\sum_{j \in |Y|} \beta_j \cdot y_j\right) = \sum_{i \in |X|} \sum_{j \in |Y|} \alpha_i \cdot \beta_j \cdot (x_i \cdot y_j) \\[2mm]
D_i = x^* \cdot x_i = \left(\sum_{j \in |X|} \alpha_j \cdot x_j\right) \cdot x_i = \sum_{j \in |X|} \alpha_j \cdot (x_i \cdot x_j) \\[2mm]
E_i = y^* \cdot x_i = \left(\sum_{j \in |Y|} \beta_j \cdot y_j\right) \cdot x_i = \sum_{j \in |Y|} \beta_j \cdot (x_i \cdot y_j) \\[2mm]
F_j = x^* \cdot y_j = \left(\sum_{i \in |X|} \alpha_i \cdot x_i\right) \cdot y_j = \sum_{i \in |X|} \alpha_i \cdot (x_i \cdot y_j) \\[2mm]
G_j = y^* \cdot y_j = \left(\sum_{i \in |Y|} \beta_i \cdot y_i\right) \cdot y_j = \sum_{i \in |Y|} \beta_i \cdot (y_i \cdot y_j)
\end{cases} \qquad (5\text{-}10)
$$

式（5-10）中各个内积的运算也要花费一定的时间，特别是 $D_i - G_j$ 涉及 X 和 Y 集合中的样本，代价较高。但值得注意的是，它们的更新均要在 α_i 和 β_j 之后，这就提供了一个简化的办法，可以通过乘子的形式转化为一些常用量的更新，各式调整情况如下：

$$
\begin{aligned}
A^{\text{new}} = x^{\text{new}} \cdot x^{\text{new}} &= \left(\sum_{i \in |X|} \alpha_i^{\text{new}} \cdot x_i\right) \cdot \left(\sum_{j \in |X|} \alpha_j^{\text{new}} \cdot x_j\right) \\
&= \left\{\sum_{i \in |X|} [\alpha_i \cdot (1-\lambda) + \lambda \cdot \delta_{i,t}] \cdot x_i\right\} \cdot \left\{\sum_{j \in |X|} [\alpha_j \cdot (1-\lambda) + \lambda \cdot \delta_{j,t}] \cdot x_j\right\} \\
&= (1-\lambda)^2 \sum_{i \in |X|} \sum_{j \in |X|} \alpha_i \cdot \alpha_j \cdot (x_i \cdot x_j) + 2(1-\lambda)\lambda \sum_{i \in |X|} \alpha_i \cdot (x_i \cdot x_t) + \lambda^2 (x_t \cdot x_t) \\
&= (1-\lambda)^2 \cdot A + 2(1-\lambda)\lambda \cdot D_t + \lambda^2 (x_t \cdot x_t) \qquad (5\text{-}11)
\end{aligned}
$$

类似地，可以得到

$$B^{\text{new}} = y^{\text{new}} \cdot y^{\text{new}} = \left(\sum_{i \in |Y|} \beta_i^{\text{new}} \cdot y_i\right) \cdot \left(\sum_{j \in |Y|} \beta_j^{\text{new}} \cdot y_j\right)$$

$$= (1-\mu)^2 \cdot B + 2(1-\mu)\mu \cdot G_t + \mu^2(y_t \cdot y_t)$$

$$C^{\text{new}} = x^{\text{new}} \cdot y^{\text{new}} = \left(\sum_{i \in |X|} \alpha_i^{\text{new}} \cdot x_i\right) \cdot \left(\sum_{j \in |Y|} \beta_j^{\text{new}} \cdot y_j\right)$$

$$= \begin{cases} (1-\lambda)C + \lambda E_t, & \text{在}\ \alpha_i^{\text{new}}\ \text{更新后进行} \\ (1-\mu)C + \mu F_t, & \text{在}\ \beta_j^{\text{new}}\ \text{更新后进行} \end{cases}$$

D_i 的调整如下：

$$D_i^{\text{new}} = x^{\text{new}} \cdot x_i = \sum_{j \in |X|} \alpha_j^{\text{new}} \cdot x_j \cdot x_i$$

$$= \sum_{j \in |X|} [\alpha_j \cdot (1-\lambda) + \lambda \cdot \delta_{j,t}] \cdot x_j \cdot x_i$$

$$= (1-\lambda)\sum_{j \in |X|} \alpha_j \cdot (x_j \cdot x_i) + \lambda \sum_{j \in |X|} \delta_{j,t} \cdot x_j \cdot x_i$$

$$= (1-\lambda)D_i + \lambda(x_t \cdot x_i) \tag{5-12}$$

类似地，可以得到

$$E_i^{\text{new}} = y^{\text{new}} \cdot x_i = \sum_{j \in |Y|} \beta_j^{\text{new}} \cdot y_j \cdot x_i = (1-\mu)E_i + \mu(y_t \cdot x_i)$$

$$F_j^{\text{new}} = x^{\text{new}} \cdot y_j = \sum_{i \in |X|} \alpha_i^{\text{new}} \cdot x_i \cdot y_j = (1-\lambda)F_j + \lambda(x_t \cdot y_j)$$

$$G_j^{\text{new}} = y^{\text{new}} \cdot y_j = \sum_{i \in |Y|} \beta_i^{\text{new}} \cdot y_i \cdot y_j = (1-\mu)G_j + \mu(y_t \cdot y_j)$$

从上述内容可以看出，标记量的每次调整只与其自身前一次的值、其他标记量及 λ 和 μ 相关，这就避免了做大量内积运算。由于对 CDMA 中的常用量都进行了内积表达，所以很容易使用式（5-5）中的核函数 $K(x_i, x_j)$ 来代替内积 $x_i \cdot x_j$，简单起见，替换后的各个常用量仍使用式（5-10）中的名称。下面给出核化（kernelized）的 CDMA，称为 KCDMA，详细描述如算法 5-1 所示。

算法 5-1：KCDMA（X, Y, ε）

输入：$X = \{x_i, 1 \leqslant i \leqslant N\}$，$Y = \{y_j, 1 \leqslant j \leqslant M\}$，精度参数 ε

1：初始化 $\alpha_{i_1} = 1, i_1 \in |X|; \beta_{j_1} = 1, j_1 \in |Y|$；

$\alpha_i = 0, i \neq i_1, 1 \leqslant i \leqslant N; \beta_j = 0, j \neq j_1, 1 \leqslant j \leqslant M$；

2：计算 $A, B, C, D_i, E_i, F_j, G_j; d^{\text{new}} = \sqrt{A + B - 2C}$；

3:　$d = d^{new}$；

4:　$t_1 = \arg\min_i \sqrt{(1-\lambda_i)^2 A + \lambda_i^2 K(x_i, x_i) + B + 2\lambda_i(1-\lambda_i)D_i - 2(1-\lambda_i)C - 2\lambda_i E_i}$ ，

　　　其中，　$\lambda_i = \min[1, (A - C - D_i + E_i)/(A - 2D_i + K(x_i, x_i))], i \in |X|$；

5:　更新 $\alpha_i^{new} = \alpha_i(1-\lambda_{t_1}) + \lambda_{t_1}\delta_{i,t_1}$，$t_1 \in |X|$；更新 A, C, D_i, F_i；

6:　$t_2 = \arg\min_j \sqrt{A + \mu_j^2 K(y_j, y_j) + (1-\mu_j)^2 B + 2\mu_j(1-\mu_j)G_j - 2(1-\mu_j)C - 2\mu_j F_j}$ ，

　　　其中，　$\mu_j = \min[1, (B - C - G_j + F_j)/(B - 2G_j + K(y_j, y_j))], j \in |Y|$；

7:　更新 $\beta_j^{new} = \beta_j(1-\mu_{t_2}) + \mu_{t_2}\delta_{j,t_2}$，$t_2 \in |Y|$；更新 B, C, E_i, G_j；

8:　$d^{new} = \sqrt{A + B - 2C}$；

9:　如果 $d - d^{new} \geq \varepsilon$，转到步骤 3；

输出：分类超平面 $f(x) = w^* \cdot \phi(x) + b^*$

d、d^{new} 分别表示迭代之前和之后最近点间的距离，用于判断停止条件。算法 5-1 第 4 步和第 6 步寻找迭代所用的样本 x_{t_1} 和 y_{t_2} 用来设计最近点对 (x^*, y^*)，然后在第 5 步和第 7 步进行相应更新。下面给出 KCDMA 中 t_1 和 t_2 求解式的证明。

证明　在每次迭代中，算法 5-1 第 4 步都需要找到 X 中的一个样本 x_{t_1}，用于构成新的最近点 $x^{new} = (1-\lambda_{t_1})x^* + \lambda_{t_1}x_{t_1}$，满足

$$\left\|(1-\lambda_{t_1})x^* + \lambda_{t_1}x_{t_1} - y^*\right\| = \min\left(\left\{\left\|(1-\lambda_i)x^* + \lambda_i x_i - y^*\right\|\right\}, i \in |X|\right)$$

式中

$$\left\|(1-\lambda_i)x^* + \lambda_i x_i - y^*\right\|$$

$$= \sqrt{[(1-\lambda_i)x^* + \lambda_i x_i]^2 + y^* \cdot y^* - 2[(1-\lambda_i)x^* + \lambda_i x_i] \cdot y^*}$$

$$= \sqrt{(1-\lambda_i)^2 x^* \cdot x^* + \lambda_i^2 x_i \cdot x_i + 2(1-\lambda_i)\lambda_i x^* \cdot x_i + y^* \cdot y^* - 2(1-\lambda_i)x^* \cdot y^* - 2\lambda_i x_i \cdot y^*}$$

根据式（5-10）中的常用内积式表示方法，上式等于

$$\sqrt{(1-\lambda_i)^2 A + \lambda_i^2 K(x_i, x_i) + B + 2\lambda_i(1-\lambda_i)D_i - 2(1-\lambda_i)C - 2\lambda_i E_i}$$

由于前面已经说明，在算法 5-1 中可将内积直接使用核函数代替，且常用量名称不变，所以 $x_i \cdot x_j$ 可直接使用 $K(x_i, x_j)$ 来代替。t_2 求解式的证明同上。

证毕。

5.2.2　KCDMA 的预测规则

KCDMA 中最后一步返回了分类超平面 $f(x)$，其中 $\phi(x)$ 表示原空间到高维特

征空间的映射。但在实际操作中，只会返回构成 $f(x)$ 的主要因素 w^* 和 b^*，由于使用了核函数，所以 $\phi(x)$ 的值是不能求出的。那么，应该如何预测一个新的未知类别的样本 x 呢？

考虑 $w^* = x^* - y^*$，同时由于 x^* 和 y^* 的值是通过凸组合的形式得到的，所以有

$$
\begin{aligned}
f(x) &= w^* \cdot \phi(x) + b^* \\
&= \left(\sum_{i \in |X|} \alpha_i \cdot \phi(x_i) - \sum_{j \in |Y|} \beta_j \cdot \phi(y_j) \right) \cdot \phi(x) + b^* \\
&= \left(\sum_{i \in |X|} \alpha_i \cdot K(x_i, x) - \sum_{j \in |Y|} \beta_j \cdot K(y_j, x) \right) + \frac{B - A}{2}
\end{aligned}
\tag{5-13}
$$

因此，可通过式（5-13）对未知样本 x 进行预测。到此就得到了由核函数描述的分类器 KCDMA，由于不追求在高维空间中样本被打散的程度，所以只使用式（5-5）中这种近似的线性核函数。

5.3　组合凸线器的软间隔设计方法

5.3.1　软间隔凸线器设计

以 KCDMA 为基础，在高维特征空间可设计软间隔的凸线器，设计方法与原空间中的 SCA 并无实质性差别，下面给出软间隔（soft margin）的支持凸线器算法，记为 SM-SCA，训练方向为从 X 到 Y。

首先，SM-SCA 将集合 Y 中的每个点 y_i 与 X 经过 KCDMA 训练得到包含 $|Y|$ 个线性函数的集合 $G(x)$，然后从中找出间隔 marginL(g) 最小的 $g_p(x)$［通过式（2-14）计算，即 Y 中距离 CH(X) 的最近点］作为软间隔凸线器中的第一个决策函数 $f_1(x)$，它切掉了 Y 中满足条件 $f_1(y) \leqslant f_1(y_p)$ 的点，剩余的点仍记为 Y。然后从 $G(x)$ 中找到另一个间隔最小的 $g_q(x)$，作为第二个决策函数 $f_2(x)$，它切掉了 Y 中满足条件 $f_2(y) \leqslant f_2(y_q)$ 的点，重复这个过程直到 $Y = \varnothing$。由于 Y 是一个有限集，经过若干次切割，这个过程一定会停止，得到的所有决策函数 $\{f_i(x), 1 \leqslant i \leqslant l\}$ 构成一个凸线器，它能够实现对集合 X 和 Y 的分类。

由于集合 X 和 Y 的对称性，容易得到 Y 相对 X 为凸可分的情况下 SM-SCA 的算

法描述（算法 5-2）。凸线器对未知样本的预测是一系列线性决策函数的预测，又由于这些函数都是在高维空间得到的，所以要根据式（5-13）来进行。

算法 5-2：SM-SCA（X,Y,ε）

输入：　$X = \{x_i, 1 \leqslant i \leqslant N\}$，$Y = \{y_j, 1 \leqslant j \leqslant M\}$，精度参数 ε

　1：　$l \leftarrow 1$；

　2：　$G(x) = \{g_i(x) = \mathrm{KCDMA}(X, \{y_i\}, \varepsilon),\ y_i \in Y\}$；

　3：　$p = \arg\min_i \{\mathrm{marginL}(g_i(x)),\ g_i(x) \in G(x)\}$；

　4：　$f_l(x) = g_p(x)$；

　5：　$Y_t = \{y \mid f_l(y) \leqslant f_l(y_p),\ y \in Y\}$；

　6：　$G_t(x) = \{g_j(x) \mid y_j \in Y_t\}$；

　7：　$Y = Y - Y_t$，$G(x) = G(x) - G_t(x)$；

　8：　如果 $Y \neq \varnothing$，那么 $l \leftarrow l+1$，并转到步骤 3；

输出：　$\mathrm{CLP} = \{f_i(x), 1 \leqslant i \leqslant l\}$

5.3.2　聚类的软间隔组合凸线器设计

为了使超平面更充分，避免陷入欠拟合（underfitting），这里使用 K 均值聚类算法（K-means）[112]，将其中一类样本分为多个簇，然后在每一簇与另一类样本间设计凸线器，最后将这些凸线器集成组合凸线器。

经过聚类的软间隔组合凸线器如图 5-3 所示。X 类样本经过 K 均值聚类后形成 3 个簇（X_1、X_2、X_3），然后每一簇与 Y 使用 SM-SCA 进行训练，得到 3 个凸线器，如图中 CLP_1、CLP_2、CLP_3 所示。每一个凸线器由不同的线性决策函数构成，

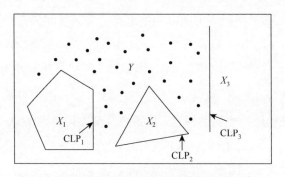

图 5-3　聚类的软间隔组合凸线器示意图

其中 CLP_1 为 5 条，CLP_2 为 3 条，CLP_3 为 1 条。最终集成的组合凸线器表示为 $MCLP = \{CLP_k, 1 \leq k \leq 3\}$，决策规则可描述如下：如果待预测样本落入某个 CLP_k，则预测为+1，否则预测为−1。

软间隔组合凸线器的设计方法称为 SM-SMA，详细描述如算法 5-3 所示。

算法 5-3：SM-SMA（X, Y, ε, K）

输入：数据集 X 和 Y，精度参数 ε，聚类数 K

1: $k \leftarrow 1$；
2: $\hat{X} = \{X_i, X_i \subseteq X, 1 \leq i \leq K\} = K\text{-means}(X, K)$；
3: $CLP_k = \text{SM-SCA}(X_k, Y, \varepsilon)$；
4: $k \leftarrow k+1$；
5: 如果 $k \leq K$，转到步骤 3；

输出：$MCLP = \{CLP_i, 1 \leq i \leq K\}$

算法 5-3 中，K 为聚类数，是 SM-SMA 的一个主要参数。对于任意两类数据 X 和 Y，SM-SMA 可设计两个方向上的组合凸线器，即 $MCLP_1 = \text{SM-SMA}(X, Y, \varepsilon, K_1)$和 $MCLP_2 = \text{SM-SMA}(Y, X, \varepsilon, K_2)$。与第 2 章中的 SMA 算法相对应，本章定义包含较少线性函数的组合凸线器为最终的分类模型。

将一类数据聚类的思想受文献[76]、[79]、[80]的启发，但实现方式与它们有着本质的不同。它们在每一片段得到的是一个线性函数，而本章中每一簇得到的是一个凸线器。同时这些方法的片段数量是受限制的，而本章所述方法并不受限于聚类的个数，这一点将在数值实验部分得到验证。

在设计软间隔组合凸线器过程中，SM-SMA 使用了聚类算法，因此它的时间复杂度可被估计为 $O(K \cdot D \cdot (|X| \cdot |Y|)/\varepsilon)$。其中，$O(D \cdot (|X| \cdot |Y|)/\varepsilon)$ 为 SM-SCA 所用的时间。由于 SM-SMA 只需要存储两类样本，因此它的空间复杂度为 $O(|X|+|Y|)$。

需要说明的是，在设计软间隔组合凸线器时，使用了聚类方法而没有直接使用原有的 SMA，原因与 SMA 特殊的操作方式有关。SMA 在处理任意叠可分数据时，总是将一类样本中的单个点看做一个凸包，然后在另一类样本中找到距离此凸包最近的点，并利用这个最近点对来计算线性分类边界（关于 SMA 的原理在第 2 章中有详细说明）。这种操作方式使得软间隔方法中的空间映射和核函数不再能够发挥作用。基于上述考虑，本章在设计软间隔分类器时使用了 K

均值聚类算法，以使最近点计算在两类样本集间进行，并通过引入乘子来表达相关运算结果。

5.4　实验结果及分析

这一部分通过数值实验来评估软间隔支持组合凸线器算法 SM-SMA 的性能。实验分为四部分：第一部分为 SM-SMA 与原有方法 SMA 的对比；第二部分为 SM-SMA 与 SVM、NNA、DTA 的对比；第三部分为在 n 维单位超球组上的精度测试；第四部分为人工合成数据集实验，旨在测试 SM-SMA 在非叠可分数据上的分类能力。所有的实验都在统一的条件下进行，机器环境与第 3 章描述相同。精度参数设置为 $\varepsilon = 10^{-3}$，K 均值聚类中平方误差准则函数值取 10^{-7}，最大迭代次数为 10^4，惩罚参数 C 的值通过 10 折交叉验证选取。

5.4.1　与 SMA 的对比实验

本节给出 SM-SMA 与 SMA 在 13 个标准数据集上的对比实验，所用数据集如表 3-2 所示，对数据集的分割及缩放等处理如 3.4.2 节所述。为了说明聚类对算法的影响，对训练集的其中一类样本（假设为 X）进行聚类，然后在每一簇与另一类样本（Y）间设计凸线器，并最终集成组合凸线器。聚类数目 K 分别取 $N/5$、$N/10$、$N/20$ 三种情况，其中 N 表示一类样本总数。

表 5-1 给出了 SM-SMA 与 SMA 在分类精度和运行时间上的对比。其中，SM-SMA 的运行时间由两部分构成，一部分为交叉验证时间，另一部分为训练时间。从表 5-1 中可以看出，在聚类数目 $K = N/5$ 和 $K = N/10$ 的情况下，SM-SMA 在 8 个数据集上（BRE、GER、HEA、MAG、MUS、MO1、MO2、MO3）分类精度要高于 SMA，而在另外的 5 个数据集上要低于 SMA。在聚类数目 $K = N/20$ 的情况下，SM-SMA 在 10 个数据集上（除 PAR、PIM、SON 外）分类精度要高于 SMA。

表 5-1 SM-SMA 和 SMA 在分类精度和运行时间上的对比

数据集	分类精度/%				交叉验证时间（训练时间）/s			
	K=N/5	K=N/10	K=N/20	SMA	N/5	N/10	N/20	SMA
BRE	92.25±1.04	93.02±0.78	93.23±1.44	91.86±0.90	13.307 (0.023)	13.600 (0.021)	13.677 (0.033)	— (0.044)
GER	65.22±2.36	66.52±1.05	66.70±1.26	64.58±1.27	45.834 (0.068)	45.018 (0.060)	23.780 (0.142)	— (0.338)
HEA	61.26±2.01	61.11±2.97	62.74±5.24	59.41±4.14	1.798 (0.006)	1.797 (0.010)	3.500 (0.019)	— (0.019)
ION	84.49±2.27	86.08±2.50	87.27±3.51	86.93±2.48	1.499 (0.011)	1.510 (0.009)	1.488 (0.009)	— (0.051)
MAG	78.40±0.50	78.37±0.38	78.01±0.39	77.45±0.47	9781.211 (14.089)	9569.013 (11.234)	9635.133 (11.494)	— (169.012)
MUS	83.85±2.39	83.35±2.26	84.10±1.99	82.97±1.84	190.017 (1.539)	187.512 (1.014)	193.154 (1.378)	— (0.736)
PAR	81.53±4.01	82.35±3.08	73.47±4.83	82.76±3.02	2.331 (0.003)	2.386 (0.004)	2.445 (0.009)	— (0.008)
PIM	67.08±2.56	67.47±1.84	65.76±2.02	67.89±1.89	18.021 (0.028)	17.988 (0.028)	18.011 (0.039)	— (0.122)
SON	78.86±4.28	78.29±4.06	79.14±3.74	79.71±3.62	0.376 (0.009)	0.390 (0.009)	0.389 (0.010)	— (0.037)
MO1	92.36	94.68	93.29	91.90	0.096 (0.003)	0.101 (0.002)	0.099 (0.002)	— (0.006)
MO2	78.24	80.56	75.00	74.77	0.413 (0.005)	0.424 (0.005)	0.427 (0.005)	— (0.017)
MO3	87.96	92.13	90.97	87.50	0.232 (0.003)	0.238 (0.003)	0.239 (0.002)	— (0.007)
SPE	59.89	58.29	61.50	60.43	0.474 (0.011)	0.492 (0.013)	0.492 (0.017)	— (0.019)

使用聚类的 SM-SMA 在总体上能够获得更高的分类精度，并且聚类数目 K 取值灵活，其值变化对分类精度的影响有限，没有出现由于聚类数目的增加（或减少）而精度剧烈变化的情况。

SM-SMA 的训练时间要少于 SMA，这是因为它使用聚类来设计组合凸线器，凸线器数量在训练之前就已经获得。但同时应该看到，SM-SMA 需要进行参数寻优，即确定惩罚参数 C 的值，这一过程消耗了大量时间，如在数据集 MAG 上，10 折交叉验证所用的时间将近 10000s，相比于 10s 左右的训练时间，代价非常高，这一不利因素限制了其在大规模数据集上的应用。

　　表 5-2 给出了相应凸线器数量（即聚类数）和线性函数总数的对比。从表 5-2 中可以看出，使用聚类能够减少线性函数总数，从而使获得的分类模型更简单。除了 ION、MO1 和 MO3 外，在其他数据集上 SM-SMA 所得到的线性函数总数均少于 SMA。在其中一些数据集上，简化程度非常明显，如 GER、HEA、MAG、MUS、SON、SPE，线性函数总数都减少了 50%以上。表 5-1 和表 5-2 说明，SM-SMA 能够在保证精度的情况下，简化分类模型，以得到更好的泛化能力。

表 5-2　SM-SMA 和 SMA 在凸线器数量、线性函数总数及测试时间上的对比

数据集	凸线器数量，线性函数总数				测试时间/ms			
	$K=N/5$	$K=N/10$	$K=N/20$	SMA	$N/5$	$N/10$	$N/20$	SMA
BRE	35, 90	17, 46	8, 25	27, 95	37.14	6.20	39.66	0.90
GER	70, 737	35, 426	17, 252	146, 1981	51.23	5.88	39.22	8.80
HEA	15, 90	7, 47	3, 33	57, 400	45.63	0.81	26.58	0.72
ION	22, 487	11, 245	5, 116	56, 462	57.47	4.02	23.56	0.90
MAG	1233, 29937	616, 14508	308, 7296	2962, 65567	878.28	549.41	643.45	3453.50
MUS	20, 1539	10, 766	5, 394	133, 5095	67.51	23.92	78.69	11.80
PAR	14, 45	7, 24	3, 11	17, 70	36.74	1.74	37.41	0.58
PIM	50, 394	25, 205	12, 122	129, 1111	2.39	2.01	1.85	2.50
SON	11, 272	5, 135	2, 68	47, 1026	11.26	4.49	25.76	1.10
MO1	12, 169	6, 103	3, 61	18, 155	2.35	1.61	2.03	0.40
MO2	21, 284	10, 150	5, 87	62, 406	4.72	1.78	2.33	1.00
MO3	12, 146	6, 87	3, 45	25, 129	2.18	1.68	2.01	1.00
SPE	8, 213	4, 121	2, 62	37, 861	5.56	4.76	31.82	1.00

　　在总体上，SM-SMA 的预测时间要多于原有方法 SMA。这是因为它所设计的软间隔组合凸线器中包含若干个线性函数，而每一个线性函数在对新样本进行类别判定时，均要使用式（5-13）的形式，这种预测方式消耗了更多的时间。

5.4.2　与 SVM、NNA 及 DTA 的对比实验

　　在与 SVM、NNA 及 DTA 的对比实验中，SM-SMA 选择聚类数 $K=N/10$ 来执行测试，并使用此 K 值下的分类精度与其他方法进行对比。

　　图 5-4 为 SM-SMA 与 SVM 在分类精度上的对比实验结果。从图 5-4 中可以

看出，SM-SMA 在 9 个数据集（除 GER、HEA、MAG、SPE 外）上分类精度要高于线性 SVM，最大的正差值为 26.16%（MO1），最大的负差值为–8.52%（HEA）；但只在 2 个数据集（MO1、MO2）上好于高斯核 SVM。

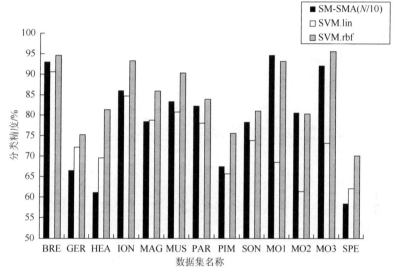

图 5-4　SM-SMA 与 SVM 在分类精度上的对比

在与 NNA 和 DTA 的对比实验中（图 5-5），SM-SMA 在 9 个数据集（除 PAR、PIM、SON、SPE 外）上分类精度要高于 NNA，在另外的 4 个数据集上略低于 NNA。

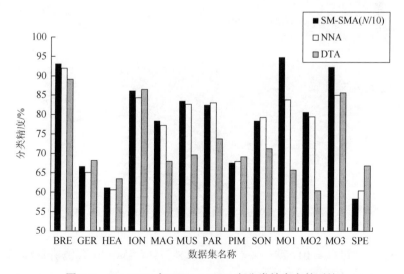

图 5-5　SM-SMA 与 NNA、DTA 在分类精度上的对比

在 MO1 上，取得最大的正差值 10.88%，在 SPE 上取得最大的负差值–2.14%。与 DTA 的对比实验中，SM-SMA 在 8 个数据集（BRE、MAG、MUS、PAR、SON、MO1、MO2、MO3）上分类精度要高于 DTA。在 MO1 上取得最大的正差值 28.94%，在 SPE 上取得最大的负差值–8.55%。在 PIM 和 SPE 上，SM-SMA 的分类精度均低于 NNA 和 DTA，说明本章所述方法的分类性能可能受到数据分布的影响。但从总体上看，通过与 NNA 和 DTA 这些传统方法相对比，说明 SM-SMA 具有一定的优势。

5.4.3　在 n 维单位超球组上的实验

下面给出软间隔设计方法在 n 维单位超球组上的实验结果，用以说明维度对 SM-SMA 性能的影响。实验所用单位超球组与第 3 章描述一致。图 5-6 给出了使用不同算法得到的精度对比折线图。

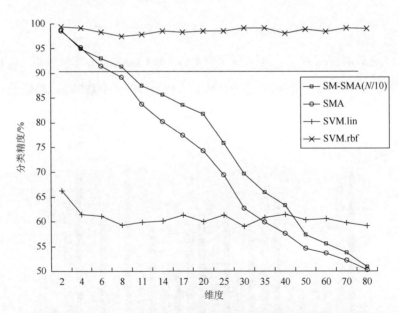

图 5-6　SM-SMA 与 SMA、SVM 在 n 维单位超球上的分类精度对比

从图 5-6 中可以看出，除了 $n = 4$ 的情况外，SM-SMA 在其他所有维度的单位超球上，分类精度均要高于 SMA。直到 $n \approx 80$，两者又表现出相近的趋势。但从

总体上看，软间隔设计方法依然受到维度增加的影响，分类性能呈下降趋势，而 SVM 则相对稳定。缓解维度增加对 SM-SMA 的影响依然是一个需要研究的问题。

5.4.4　在非叠可分数据集上的实验

为了验证 SM-SMA 处理非叠可分数据的能力，通过人工合成的方式获得了一些非叠可分数据集。数据来源依然是前面所用的 13 个 UCI 数据集，对于每一个训练集，随机选取 5%的样本并进行复制，然后改变它们的类别标签，再放回训练集中。也就是说，每个训练集中存在一定比例的非叠可分数据，然后使用 SM-SMA 执行测试，聚类数 K 取 $N/10$，表 5-3 给出了统计的实验结果。

表 5-3　SM-SMA 在人工合成非叠可分数据集上的实验结果

数据集	精度/%	交叉验证时间/s	训练时间/s	凸线器数量	线性函数总数	测试时间/ms
BRE	89.82±1.34	23.787	0.025	18	72	6.07
GER	64.78±2.62	20.253	0.069	35	481	5.97
HEA	60.95±3.36	0.783	0.010	7	54	0.80
ION	85.39±1.82	0.637	0.014	11	262	3.94
MAG	75.32±2.54	10304.100	12.902	629	15728	634.595
MUS	81.21±2.46	82.973	1.225	11	839	24.00
PAR	79.25±3.80	1.049	0.004	7	30	1.72
PIM	64.56±1.61	7.412	0.031	26	239	1.98
SON	76.76±3.71	0.172	0.009	5	140	4.39
MO1	92.13	0.050	0.003	6	115	1.60
MO2	75.69	0.194	0.005	10	177	1.73
MO3	84.95	0.097	0.003	6	95	1.58
SPE	55.62	0.246	0.019	4	142	4.91

从表 5-3 可以看出，SM-SMA 具有处理非叠可分数据的能力，在每一个数据集上均得到了实验结果，而原有方法 SMA 则不能处理这样的数据。由于每个训练集中新添加的样本原则上是一种噪声，因此 SM-SMA 得到的分类精度要低于在标准数据集上的结果，这也从另一个方面说明软间隔设计方法的抗噪声干

扰能力还有待改善。SM-SMA 对非叠可分数据的训练要花费更多的时间，得到的凸线器数量和线性函数总数也有所增加。通过在人工合成数据集上的实验，说明软间隔设计方法不再要求数据集必须是叠可分的，对于任意的两类数据，它均能够处理。

表 5-4 给出了 SVM 在人工合成非叠可分数据集上的实验结果。其中，SVM.lin 原和 SVM.rbf 原分别表示线性 SVM 和高斯核 SVM 在原标准数据集上的实验结果。与在标准数据集上的实验结果相比较，SVM 的分类精度发生了一定的变化，在部分数据集上得到提升，而在另外的数据集上产生了下降。在训练时间上，线性 SVM 并无显著变化，而高斯核 SVM 则相应增加了一些。从总体上可以看出，人工添加的噪声对 SVM 的影响还是有限的，而 SM-SMA 对噪声的适应能力还存在一些不足。

表 5-4　SVM 在非叠可分数据集上的实验结果

数据集	分类精度/%				训练时间/s			
	SVM.lin	SVM.lin 原	SVM.rbf	SVM.rbf 原	SVM.lin	SVM.lin 原	SVM.rbf	SVM.rbf 原
BRE	92.42±1.42	90.60±1.02	94.32±0.92	94.67±1.49	0.012	0.001	69.957	15.606
GER	74.50±0.98	72.18±1.28	75.24±1.65	75.28±1.56	0.016	0.003	118.081	26.143
HEA	84.22±2.40	69.63±3.39	78.30±2.47	81.33±3.77	0.014	0.001	20.018	10.211
ION	82.84±3.07	84.77±3.19	92.50±2.36	93.30±2.58	0.003	0.002	8.257	5.879
MAG	77.76±0.26	78.81±0.12	84.07±0.44	85.98±0.25	0.062	0.018	7.693×10^5	5.534×10^5
MUS	75.61±3.01	80.79±2.42	87.82±2.91	90.29±1.78	0.104	0.011	31.078	25.694
PAR	83.06±2.60	78.06±2.46	83.78±2.57	83.98±2.59	0.027	0.002	6.960	3.438
PIM	67.01±1.47	65.76±1.13	75.94±1.87	75.60±1.91	0.003	<0.001	106.932	12.943
SON	73.14±5.00	73.81±5.54	81.24±2.98	80.95±3.17	0.003	0.005	3.489	3.055
MO1	66.44	68.52	92.36	93.29	<0.001	<0.001	13.505	5.675
MO2	64.58	61.34	79.86	80.32	<0.001	<0.001	58.148	9.591
MO3	75.93	73.15	94.91	95.60	<0.001	<0.001	6.003	3.223
SPE	60.43	62.03	75.40	70.05	<0.001	<0.001	1.906	2.973

5.5　小　　结

软间隔设计方法使用了一种近似的线性核函数，目的仅仅是对分类边界提供指导，提高 SM-SMA 的容错能力，而不去研究核函数将原空间样本打散的程度。更重要的是，该核函数进行的是显式空间映射，并且对映射前后空间的度量变化具有清晰的解释和直观上的说明。软间隔设计方法继续在统一的框架下进行组合凸线器设计方法的研究，最终目的是解决原有方法中存在的不足并提高分片线性分类器的性能。

　　通过数值实验可以看出，软间隔设计方法在非叠可分数据集上表现出一定的分类能力，但它的性能还达不到高斯核 SVM 的水平，抗噪声干扰能力仍然较弱。另外，该方法对大规模数据的处理还存在一定困难，参数寻优时间过长，限制了其实际应用。软间隔设计方法的这些缺点和局限仍需要进一步克服和改善。

第6章 交错式组合凸线器设计方法

本章论述了一个新的设计分片线性分类器的通用理论框架，称为交错式组合凸线器（alternating multiconlitron）。该框架首先给出极大凸可分子集（maximal convexly separable subsets，MCSS）的定义，并根据其与凸包间存在的关系证明了它的唯一性。然后在极大凸可分子集的基础上，详细阐述了交错式组合凸线器这一核心概念，并通过一个具体的设计过程证明了它的存在性。接下来，本章描述了交错式组合凸线器的设计方法，称为支持交错式组合凸线器算法（support alternating multiconlitron algorithm，SAMA）。该算法采用交替的方式，不断地在一类数据的子集和另一类数据的极大凸可分子集之间设计凸线器，直到其中一类数据集为空时停止。最后这些凸线器按顺序集成交错式组合凸线器。

在标准数据集上的实验说明交错式设计方法能够获得更简单的分类模型结构，包含的线性函数数量更少，在测试阶段执行更快。与组合凸线器不同，交错式组合凸线器采用从整体到局部的方式进行分类器的设计，这使得能够从一个新的角度来看待分片线性学习问题。

6.1 设计分片线性分类器的新思路

由 SMA 设计的组合凸线器能够分开任意两类叠可分的数据集，但它或许包含过多的凸线器和线性函数。第 3～5 章分别对组合凸线器的设计方法进行了研究，并相应提出了生长、极大切割和软间隔等设计方法。这些方法在一定程度上均能够简化分类模型，但从总体上说，它们还是使用与 SMA 类似的设计方式。因此，一个值得考虑的问题是，是否可以使用其他的方式来设计分片线性分类器，在保证分类精度的情况下，使其具有更简单的模型结构。为了有效解决这个问题，下面有必要对 SMA 的设计方法进行再次分析，期望从中找出一些新的思路。

对于两类有限非空集合 X 和 Y，如果它们是叠可分的（即 $X \cap Y = \varnothing$），可以设定训练方向从 X 到 Y，然后使用 SMA 设计一个组合凸线器。根据第 2 章的介绍，具体设计过程可简述如下：对于任意单独点 $x_i \in X$ ，它相对 Y 都是凸可分的，均能够使用 $SCA(\{x_i\}, Y, \varepsilon)$ 来训练得到一个凸线器。而 SMA 每次都首先找到距离 Y 最近的点 x_p ，然后再调用 SCA 来生成凸线器，并使用此凸线器切掉 Y 中的部分点。经过迭代，SMA 最终会将 Y 划分完毕，并且得到一组凸线器，最后这组凸线器集成一个组合凸线器。

分析上述设计过程会发现，SMA 总是以局部或者内部的单个样本作为出发点，然后经过逐步的训练、切分，最终将整体训练数据划分完毕。这种从局部到整体或者由内到外的过程可能会引起相邻凸线器间的边界重叠，从而导致过多的线性函数。尽管生长、极大切割、软间隔等设计方法均能够在一定程度上修剪多余的凸线器和线性函数，但这些方法的实质与原有方法 SMA 存在诸多相似之处，依然是在组合凸线器框架下进行分片线性分类器的设计研究。

基于上述分析，可以改变一下研究思路和方向，尝试从整体到局部或者由外而内地进行分片线性分类器的设计。下面使用图 6-1 来对新思路做一个直观的说明。

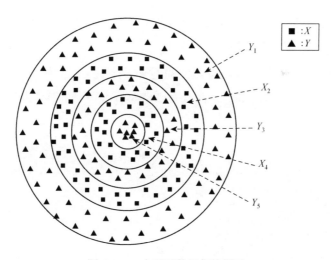

图 6-1　一个五环数据集的例子

图 6-1 中五环数据集由两类样本 X 和 Y 组成，其中，$X = X_2 \cup X_4$，$Y = Y_1 \cup Y_3 \cup Y_5$。如果将 X 作为一个整体，显然能够得到 X 相对 Y_1 是凸可分的，这样可设计一个凸线器 $CLP_1 = SCA(X, Y_1, \varepsilon)$。接下来从 Y 中删掉 Y_1，并令 $Y = Y_3 \cup Y_5$，此时

将 Y 作为一个整体，能够得到 Y 相对 X_2 是凸可分的，这样可设计第 2 个凸线器 $\text{CLP}_2 = \text{SCA}(Y, X_2, \varepsilon)$。重复这个过程，直到某一类样本为空时停止。最后，得到的一系列凸线器按顺序集成一种新的分片线性分类器。

上述方法是一个典型的从整体到局部的过程，设计方向可看做由外而内，这与 SMA 设计组合凸线器存在明显的不同。下面内容将着重阐述这种新的方法，并通过一些定理证明它的合理性，最后给出在数值实验上的评估。

6.2 极大凸可分子集

根据定义 2.3，如果 $Y \bigcap \text{CH}(X) = \emptyset$，则称 X 相对 Y 是凸可分的。在 X 相对 Y 为凸可分的情况下，可设计一个从 X 到 Y 的凸线器将两类样本分开。该凸线器由一组线性函数构成，这些线性函数对应的超平面将 X 类样本围在内部，同时将 Y 类样本排除在外面。关于凸可分和凸线器的说明可参见图 2-5 和图 2-6。

在凸可分及凸线器的基础上，下面给出极大凸可分子集的定义。

定义 6.1　假定 Z 是 Y 的一个子集，如果 X 相对 Z 是凸可分的，并且对于任意更大的子集 $Z' \subseteq Y$（$Z' \supset Z$），X 相对 Z' 是非凸可分的，那么则称 Z 为 Y 关于 X 的一个极大凸可分子集。

图 6-2 所示为一个极大凸可分子集的例子。接下来证明与凸包相关的两个定理，其中 $X \bigcap Y = \emptyset$ 表示 X 和 Y 是两类有限非空且叠可分的样本集。

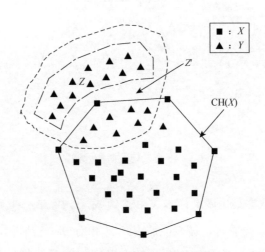

图 6-2　极大凸可分子集的例子

定理 6.1　如果 $X \cap Y = \varnothing$，那么 $\mathrm{CH}(X) \neq \mathrm{CH}(Y)$。

证明　假设 $\mathrm{CH}(X) = \mathrm{CH}(Y)$，那么能够得到这两个凸包一定具有相同的顶点集。而一个集合的凸包的顶点又是该集合中的元素。也就是说，每个顶点要同时属于 X 和 Y，这与 $X \cap Y = \varnothing$ 相矛盾。

证毕。

显然，定理 6.1 意味着如果两个有限非空集没有公共点，那么它们的凸包一定不会相同。接下来，给出定理 6.2。

定理 6.2　如果 $X \cap Y = \varnothing$，那么 $\exists x \in X, x \notin \mathrm{CH}(Y)$ 或 $\exists y \in Y, y \notin \mathrm{CH}(X)$。

证明　假定 $\forall x \in X, x \in \mathrm{CH}(Y)$ 和 $\forall y \in Y, y \in \mathrm{CH}(X)$，能够得到 $X \subset \mathrm{CH}(Y)$ 和 $Y \subset \mathrm{CH}(X)$，也就是 $\mathrm{CH}(X) \subseteq \mathrm{CH}(Y)$ 和 $\mathrm{CH}(Y) \subseteq \mathrm{CH}(X)$，即 $\mathrm{CH}(X) = \mathrm{CH}(Y)$。这与定理 6.1 矛盾。

证毕。

在定理 6.1 和定理 6.2 的基础上，下面给出定理 6.3，用以证明极大凸可分子集的唯一性和存在性。

定理 6.3　如果 $X \cap Y = \varnothing$，那么一定存在唯一的极大凸可分子集，它或者是 Y 关于 X 的，或者是 X 关于 Y 的。

证明　根据定理 6.2，不妨假定 $\exists y \in Y, y \notin \mathrm{CH}(X)$。接下来，能够设计 Y 的一个子集 Z，即

$$Z = Y - \mathrm{CH}(X) = \{ y \mid y \in Y, y \notin \mathrm{CH}(X) \}$$

根据定义 2.3，容易得知 X 相对 Z 是凸可分的。因此，对于 Y 中任意更大的子集 $Z'(\supset Z)$，X 相对 Z' 一定是非凸可分的，这不但意味着 Z 一定是存在的，并且它还是 Y 关于 X 的唯一的极大凸可分子集。

证毕。

6.3　交错式组合凸线器的定义

在引入极大凸可分子集基础之上，接下来定义交错式组合凸线器的概念。同组合凸线器一样，交错式组合凸线器仍然是一组凸线器的集合，在两类样本 X 和 Y 为叠可分（即 $X \cap Y = \varnothing$）的情况下，它能够实现对数据集的有效划分。但交

错式组合凸线器的定义方式与组合凸线器存在明显的不同。为了更好地说明交错式组合凸线器及其设计方法，下面首先回顾组合凸线器的相关知识。

给定训练方向从 X 到 Y，组合凸线器可以表示为 $\text{MCLP} = \{\text{CLP}_k, 1 \leqslant k \leqslant K\}$，并且满足以下两个条件：

$$\begin{cases} \forall x \in X, & \exists 1 \leqslant k \leqslant K, \quad \text{CLP}_k(x) = +1 \\ \forall y \in Y, & \forall 1 \leqslant k \leqslant K, \quad \text{CLP}_k(y) = -1 \end{cases} \tag{6-1}$$

决策函数定义为

$$\text{MCLP}(x) = \begin{cases} +1, & \exists 1 \leqslant k \leqslant K, \quad \text{CLP}_k(x) = +1 \\ -1, & \forall 1 \leqslant k \leqslant K, \quad \text{CLP}_k(x) = -1 \end{cases} \tag{6-2}$$

实际上，式（6-1）和式（6-2）分别是对式（2-16）和式（2-17）的重写。组合凸线器 MCLP 中的每一个凸线器 CLP_k 都会构成一个凸区域，并且该凸区域覆盖了 X 类样本的一部分。而这个 MCLP 就是这些凸区域的并集，并且它能够完全覆盖 X。

图 6-3 给出了在训练方向从 X 到 Y 的情况下，组合凸线器中分别包含 1 个、2 个、3 个凸线器的模型结构。如果 X 和 Y 是叠可分的，总能够设计两个训练方向上的组合凸线器：1 个从 X 到 Y ［图 6-4（a）］，1 个从 Y 到 X ［图 6-4（b）］。

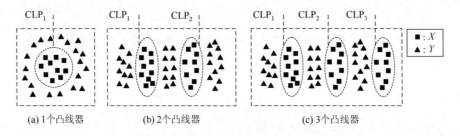

图 6-3　包含不同凸线器数目的组合凸线器的结构

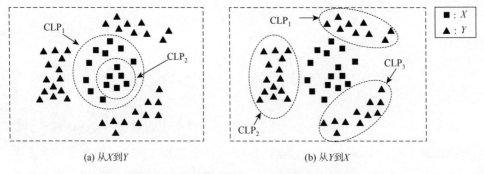

图 6-4　不同训练方向上设计的组合凸线器

在理论上，一个组合凸线器中包含的不同凸线器间可能存在重叠。如果一个凸线器嵌套在另外一个凸线器中，那么它将被看做多余的，并且会被删除。如在图 6-4（a）中，CLP_1 是必要的，而 CLP_2 嵌套在 CLP_1 之中，则它是多余的。此时的组合凸线器 $\{CLP_1, CLP_2\}$ 可被简化为 $\{CLP_1\}$。

在同一个数据集上，不同训练方向上设计的组合凸线器通常具有不同的结构。例如，图 6-4（b）中的组合凸线器包含 3 个凸线器，而图 6-4（a）中的组合凸线器只包含 2 个凸线器，并且还有一个是多余的。显然，这两个组合凸线器具有不同的模型结构。

在讨论组合凸线器的基础上，接下来定义交错式组合凸线器的概念，它是与组合凸线器非常不同的一种结构。如果 $X \cap Y = \varnothing$，并且 $Y - CH(X) \neq \varnothing$，那么一个交错式组合凸线器可定义为一系列凸线器的组合形式，方向从 X 到 Y，表示为 $AMCLP = \{CLP_k, 1 \leqslant k \leqslant K\}$，满足下面的两个条件：

（1）对于 X 中的任意一个样本 x：当 K 为奇数时，满足 $CLP_K(x) = +1$；或者存在奇数的 $k(1 \leqslant k < K)$，满足 $CLP_k(x) = +1$，$CLP_{k+1}(x) = -1$。

（2）对于 Y 中的任意一个样本 y：满足 $CLP_1(y) = -1$；或者当 K 为偶数时，满足 $CLP_K(y) = +1$；或者存在偶数的 $k(1 < k < K)$，满足 $CLP_k(y) = +1, CLP_{k+1}(y) = -1$。

交错式组合凸线器的决策函数定义如下：

$$AMCLP(x) = \begin{cases} +1, CLP_K(x) = +1 \text{ for odd } K, \text{ or} \\ \quad \exists \text{ odd } k, 1 \leqslant k < K, CLP_k(x) = +1, CLP_{k+1}(x) = -1 \\ -1, CLP_1(x) = -1, \text{ or} \\ \quad CLP_K(x) = +1 \text{ for even } K, \text{ or} \\ \quad \exists \text{ even } k, 1 < k < K, CLP_k(x) = +1, CLP_{k+1}(x) = -1 \end{cases} \tag{6-3}$$

图 6-5 所示为分别包含 1 个、2 个、3 个凸线器的交错式组合凸线器的结构。根据交错式组合凸线器的定义，当 K 为奇数（或偶数）时，它的模型结构与 K 为偶数（或奇数）时具有很大程度上的不同。给定训练方向从 X 到 Y，如果 K 为偶数 [图 6-5（b）]，那么第 K 个凸线器仅能够覆盖 Y 的一部分；而如果 K 为奇数 [图 6-5（c）]，那么第 K 个凸线器仅能够覆盖 X 的一部分。

值得注意的是，在只包含 1 个凸线器的情况下，一个交错式组合凸线器可看做组合凸线器。例如，图 6-5（a）中的交错式组合凸线器 $AMCLP = \{CLP_1\}$ 可看

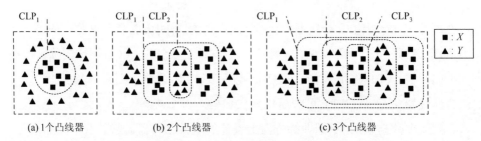

图 6-5　包含不同凸线器数目的交错式组合凸线器的结构

做图 6-3（a）中的组合凸线器 MCLP。然而，当一个交错式组合凸线器中包含两个或更多的凸线器时，它与组合凸线器的结构通常不再相同，会表现为若干凸线器的嵌套形式。例如，在图 6-5（b）中，CLP_2 嵌套在 CLP_1 中；在图 6-5（c）中，CLP_3 嵌套在 CLP_2 中，并且 CLP_2 嵌套在 CLP_1 中。显然，图 6-5（b）中的 CLP_1 和图 6-5（c）中的 CLP_1、CLP_2 均能够覆盖 X 和 Y 中的一部分。在交错式组合凸线器中，嵌套在内的凸线器通常是必要而非多余的，这一点与组合凸线器存在明显不同。

另外，在 X 和 Y 为叠可分的情况下，仅能够保证得到一个方向上的交错式组合凸线器，尽管在多数情况下两个方向上是可能的。例如，在图 6-5（a）中，仅能设计从 X 到 Y 的交错式组合凸线器。

下面给出交错式组合凸线器的存在性定理及证明。

定理 6.4　如果 $X \cap Y = \varnothing$，那么一定存在一个交错式组合凸线器，方向从 X 到 Y 或者从 Y 是 X。

证明　根据定理 6.3，不妨假设存在唯一的 Y 关于 X 的极大凸可分子集，表示为 $Z = Y - CH(X) \neq \varnothing$。接下来，可设计一个从 X 到 Y 的交错式组合凸线器，设计过程如下：

（1）令 $AMCLP = \varnothing$，$k = 1$，$X_1 = X$，$Y_0 = Y$，并且 $Y_1 = Y_0 - CH(X_1)$。

（2）根据凸可分的定义（定义 2.3）能够得到，X_k 相对 Y_k 是凸可分的。因此，能设计一个从 X_k 到 Y_k 的凸线器 CLP_k，使得 $Y_{k+1} = \{y | y \in Y_{k-1}, CLP_k(y) = +1\}$，并且 $AMCLP = AMCLP \cup \{CLP_k\}$。

（3）如果 $Y_{k+1} = \varnothing$，则过程停止。

（4）否则，能够得到 X_k 关于 Y_{k+1} 唯一的极大凸可分子集，表示为 $X_{k+1} = X_k - CH(Y_{k+1})$。因为 Y_{k+1} 相对 X_{k+1} 也是凸可分的，那么可设计一个从 Y_{k+1} 到 X_{k+1} 的凸

线器 CLP_{k+1}，使得 $X_{k+2} = \{x | x \in X_k, CLP_{k+1}(x) = +1\}$，并且 $AMCLP = AMCLP \bigcup \{CLP_{k+1}\}$。

（5）如果 $X_{k+2} = \varnothing$，则过程停止。

（6）否则，$Y_{k+2} = Y_{k+1} - CH(X_{k+2})$，令 $k = k+2$，并且重复步骤（2）～（6）。

随着 k 的增加，X_k 和 Y_k 会变得越来越小，直到其中一个为空，此时上述过程结束，那么最终会得到一个交错式组合凸线器。

证毕。

6.4　支持交错式组合凸线器算法

在定理 6.4 的基础上，当 $X \bigcap Y = \varnothing$ 和 $Y - CH(X) \neq \varnothing$ 时，能够获得一个算法来设计交错式组合凸线器，方向从 X 到 Y。该算法称为支持交错式组合凸线器算法（SAMA），详细描述如算法 6-1 所示。

算法 6-1：SAMA（X, Y, ε）

输入：$X = \{x_i, 1 \leq i \leq N\}$，$Y = \{y_j, 1 \leq j \leq M\}$，精度参数 ε
1：$X_1 = X, Y_0 = Y, Y_1 = Y - CH(X)$；
2：$k = 1$；
3：$CLP_k = SCA(X_k, Y_k, \varepsilon), K = k$；
4：$Y_{k+1} = \{y | y \in Y_{k-1}, CLP_k(y) = +1\}$；
5：如果 $Y_{k+1} = \varnothing$，则算法停止；
6：$X_{k+1} = X_k - CH(Y_{k+1})$；
7：$CLP_{k+1} = SCA(Y_{k+1}, X_{k+1}, \varepsilon), K = k+1$；
8：$X_{k+2} = \{x | x \in X_k, CLP_{k+1}(x) = +1\}$；
9：如果 $X_{k+2} = \varnothing$，则算法停止；
10：$Y_{k+2} = Y_{k+1} - CH(X_{k+2})$；
11：$k = k+2$，转到步骤3；
输出：$AMCLP = \{CLP_k, 1 \leq k \leq K\}$

SAMA 调用 SCA 作为子程序，SCA 的描述如第 2 章中算法 2-2 所示。从算法 6-1 中不难看出，SAMA 采用交替的方式，不断地在一类数据的子集和另一类数据的极大凸可分子集间设计凸线器。这些凸线器最后按顺序集成为交错式组合凸线器。

这里将 SAMA 设计的交错式组合凸线器称为支持交错式组合凸线器，这是因为其中的每一个凸线器都是由 SCA 计算得到的，都被称为支持凸线器。由于每一个支持凸线器是唯一的，因此集成的交错式组合凸线器也是唯一的。但为了叙述简单，后续内容中省略"支持"两字，仍只称为"交错式组合凸线器"。

在 SAMA 中，为了得到 Y_1、X_{k+1}、Y_{k+2}（分别见算法 6-1 中的步骤 1、6、10），需要使用相关的凸包 $CH(X)$、$CH(Y_{k+1})$、$CH(X_{k+2})$。需要说明的是，在算法实际执行中没有必要将这些凸包计算出来，因为可采用如下方式得到想要的结果：

（1）$Y_1 = \{y \mid d(y, x^*) > 0, y \in Y, x^*$ 是 $CH(X)$ 中距离 y 的最近点$\}$；

（2）$X_{k+1} = \{x \mid d(x, y^*) > 0, x \in X_k, y^*$ 是 $CH(Y_{k+1})$ 中距离 x 的最近点$\}$；

（3）$Y_{k+2} = \{y \mid d(y, x^*) > 0, y \in Y_{k+1}, x^*$ 是 $CH(X_{k+2})$ 中距离 y 的最近点$\}$。

其中，$d(y, x^*)$ 和 $d(x, y^*)$ 能够通过一个点到凸包距离算法（point to convex hull distance algorithm，PtoCHDA）计算得到，PtoCHDA 描述如算法 6-2 所示。通过使用该算法，能够得到 $d(y, x^*) = d(y, CH(X)) = \text{PtoCHDA}(y, X, \varepsilon)$ 和 $d(x, y^*) = d(x, CH(Y)) = \text{PtoCHDA}(x, Y, \varepsilon)$。

算法 6-2： PtoCHDA (x, Y, ε)

输入：一个样本点 x，另一类样本集 Y，精度参数 ε

1：$y^* \in Y$；

2：$y_1 = y^*$；

3：$y^* = \underset{z}{\arg\min} \left\{ d(x, z) \left| \begin{array}{l} z \in Y \text{ or} \\ z = y_1 + \mu(y_2 - y_1), 0 < \mu = \dfrac{(y_2 - y_1)(x - y_1)}{(y_2 - y_1)(y_2 - y_1)} < 1, y_2 \neq y_1, y_2 \in Y \end{array} \right. \right\}$；

4：如果 $d(x, y_1) - d(x, y^*) \geqslant \varepsilon > 0$，则算法转到步骤 2；

输出：$d(x, y^*)$

在 $Y - CH(X) \neq \varnothing$ 的情况下，$\text{SAMA}(X, Y, \varepsilon)$ 总能设计从 X 到 Y 的交错式组合凸线器。然而此时，$\text{SAMA}(Y, X, \varepsilon)$ 或许是不可用的，因为 $X - CH(Y)$ 可能为空集，图 6-5（a）给出了相应的示例。在 $Y - CH(X) \neq \varnothing$ 和 $X - CH(Y) \neq \varnothing$ 同时成立的情况下，$\text{SAMA}(X, Y, \varepsilon)$ 和 $\text{SAMA}(Y, X, \varepsilon)$ 都是可用的，相应示例见图 6-6。

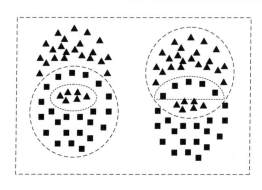

图 6-6　两个方向均可设计交错式组合凸线器的例子

在 SAMA(X,Y,ε) 和 SAMA(Y,X,ε) 均可使用的情况下，定义包含较多线性函数的交错式组合凸线器为最终的分类模型。这与组合凸线器的定义方式正好是相反的，这样做的目的是更加明显地对比分类模型的复杂程度，同时能够获得较高的分类精度。

图 6-7 所示为在几个人工合成数据集上，支持交错式组合凸线器所对应的分片线性分类边界。在图 6-7（a）中，能够看到交错式组合凸线器中只包含 1 个凸线器，而此时得到的交错式组合凸线器与使用算法 SMA(X,Y,ε) 训练得到的组合凸线器是完全相同的。在图 6-7（b）和图 6-7（c）中，分类边界由 2 个或更多的凸线器组成，而这些凸线器均是由其中一类的子集与另一类的极大凸可分子集经过 SAMA 训练得到。

由于 SAMA 调用了 SCA，因此 SAMA 的时间复杂度可被大致估计为 $O(K \cdot D \cdot (|X| \cdot |Y|) / \varepsilon)$。其中，$K$ 为 SAMA 产生的凸线器的数量。通常来说，在相同的数据集上，SAMA 比 SMA 会消耗更多的训练时间，因为它需要花费一定的时间来判断点集是否在凸包内，从而设计极大凸可分子集。而 SMA 直接使用最近点，没有烦琐的判别步骤，因此 SMA 在训练阶段比 SAMA 执行更快。

但同时应该看到，SAMA 在测试阶段的速度要明显快于 SMA，因为它通常能够得到包含更少凸线器和线性函数的分类模型。这一特点对于将交错式组合凸线器应用到实际领域具有非常重要的意义。

SAMA 与 SMA 一样只需要存储两类样本，因此它的空间复杂度可被估计为 $O(|X| + |Y|)$。

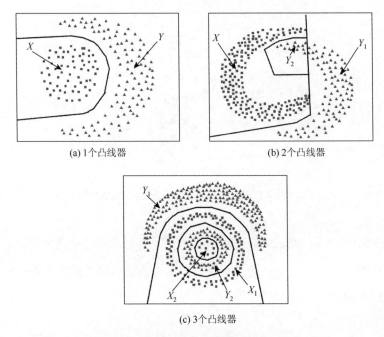

(a) 1 个凸线器　　　　　　　　　　　(b) 2 个凸线器

(c) 3 个凸线器

图 6-7　交错式组合凸线器的分类边界

6.5　实验结果及分析

　　本节通过一系列对比实验来评估 SAMA 的性能。实验分为四个部分：第一部分是 SAMA 在二维数据集 Fourclass 上的实验；第二部分为 SAMA 在标准数据集上的实验；第三部分是 SAMA 与 NNA、DTA 的对比实验；第四部分为 n 维单位超球组上的实验。实验环境及参数设置与第 3 章相同。

6.5.1　在 Fourclass 数据集上的实验

　　为了直观上对比交错式组合凸线器和组合凸线器对应分类边界的不同，这里将 SAMA 和 SMA 分别运行在一个公共的两维数据集 Fourclass[113] 上。这个数据集被随机分为两半：一半用于训练，另一半用于测试。

　　图 6-8 给出了 SAMA 在 Fourclass 训练集上的实验结果。结果中包括凸线器数量（N_C）、线性函数总数（N_L）、测试精度（TA）和测试时间（TT）。在此数据集上，可使用 SAMA(X, Y, ε) 和 SAMA(Y, X, ε) 设计两个方向上的交错式组

合凸线器。从图 6-8 中可以看出，两个交错式组合凸线器都包含 3 个凸线器，但它们却包含不同的线性函数数量。其中，SAMA(X,Y,ε) 得到了 10 个线性函数，而 SAMA(Y,X,ε) 得到了 14 个线性函数。根据 6.4 节的说明，由 SAMA(Y,X,ε) 产生的交错式组合凸线器被定义为最终的分类模型，因为它里面包含了更多的线性函数。同时可以看到，SAMA(Y,X,ε) 获得了更高一些的分类精度，为 99.77%，而 SAMA(X,Y,ε) 为 98.84%。

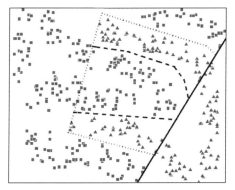 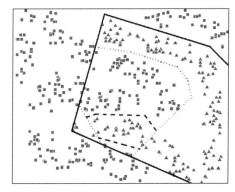

(a) $N_C = 3$, $N_L = 10$, TA = 98.84%, TT = 0.030ms   (b) $N_C = 3$, $N_L = 14$, TA = 99.77%, TT = 0.033ms

图 6-8　由 SAMA 设计的不同训练方向上的交错式组合凸线器

（a）从 X 到 Y；（b）从 Y 到 X

图 6-9 给出了 SMA 在 Fourclass 训练集上的实验结果。根据 2.2.4 节的说明，

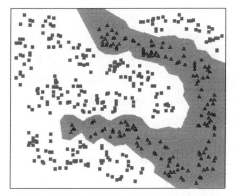 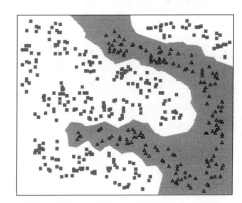

(a) $N_C = 10$, $N_L = 491$, TA = 99.54%, TT = 0.842ms   (b) $N_C = 106$, $N_L = 412$, TA = 99.77%, TT = 1.136ms

图 6-9　由 SMA 设计的不同训练方向上的组合凸线器

（a）从 X 到 Y；（b）从 Y 到 X

由 SMA(Y, X, ε)训练得到的组合凸线器为最终的分类模型，因为它里面包含了更少的线性函数。综合上述内容可知，在最终分类模型中，SAMA 和 SMA 取得了相同的测试精度，均为 99.77%。但组合凸线器中包含 106 个凸线器和 412 个线性函数，而交错式组合凸线器中只包含 3 个凸线器和 14 个线性函数。

6.5.2　在标准数据集上的实验

本节给出 SAMA 与 SMA、SVM 在 13 个标准数据集上的对比实验，所用数据集如表 3-2 所示，对数据集的分割及缩放等处理如 3.4.2 节所述。与第 3 章相同，SVM 使用两种类型，带参数 C 的线性 SVM（表示为 SVM.lin）和带参数 (C, γ) 的高斯核 SVM（表示为 SVM.rbf），并分别使用 LIBLINEAR 和 LIBSVM 来执行测试。

表 6-1 给出了 SAMA 与 SMA、SVM 在分类精度上的对比。从表 6-1 中可以看出，在 10 个数据集上（除 ION、PAR、MO1 外），SAMA 的分类精度要高于 SMA。在与线性 SVM 的对比中，SAMA 在 10 个数据集上取得更高的分类精度，在另外的 3 个数据集上（GER、HEA、ION）表现差一些。但从总体上说，SAMA 的分类性能与高斯核 SVM 相比，还存在较大的差距。

表 6-1　SAMA 与 SMA、SVM 在分类精度和训练时间上的对比

数据集	分类精度/%				训练时间/s			
	SAMA	SMA	SVM.lin	SVM.rbf	SAMA	SMA	SVM.lin	SVM.rbf
BRE	93.58±1.31	91.86±0.90	90.60±1.02	94.67±1.49	0.653	0.044	0.001	15.606
GER	69.94±1.33	64.58±1.27	72.18±1.28	75.28±1.56	5.139	0.338	0.003	26.143
HEA	66.96±3.54	59.41±4.14	69.63±3.39	81.33±3.77	0.186	0.019	0.001	10.211
ION	83.58±11.02	86.93±2.48	84.77±3.19	93.30±2.58	1.101	0.051	0.002	5.879
MAG	79.37±0.35	77.45±0.47	78.81±0.12	85.98±0.25	974.872	169.012	0.018	5.534×10^5
MUS	85.56±2.10	82.97±1.84	80.79±2.42	90.29±1.78	6.497	0.736	0.011	25.694
PAR	81.84±3.18	82.76±3.02	78.06±2.46	83.98±2.59	0.155	0.008	0.002	3.438
PIM	68.57±1.93	67.89±1.89	65.76±1.13	75.60±1.91	1.291	0.122	<0.001	12.943
SON	79.81±5.08	79.71±3.62	73.81±5.54	80.95±3.17	0.718	0.037	0.005	3.055
MO1	78.94	91.90	68.52	93.29	0.199	0.006	<0.001	5.675
MO2	82.64	74.77	61.34	80.32	0.299	0.017	<0.001	9.591
MO3	88.43	87.50	73.15	95.60	0.090	0.007	<0.001	3.223
SPE	72.19	60.43	62.03	70.05	0.227	0.019	<0.001	2.973

　　SAMA 通常比 SMA 花费更多的训练时间，这是因为它需要大量的时间来计算点到凸包的距离，而 SMA 只需要计算点与点之间的距离。通过付出较大的训练时间代价，SAMA 能够获得更简化的分类模型，这使得它在预测阶段有更快的执行速度，对新样本能够迅速做出类别决策。

　　表 6-2 给出了 SAMA 与 SMA 在凸线器数量、线性函数总数和测试时间上的对比。显然，在相同的训练集上，由 SAMA 设计的交错式组合凸线器比 SMA 设计的组合凸线器具有更简单的结构，包含更少的凸线器数量和线性函数总数。例如，在 MAG 上，交错式组合凸线器只包含 10 个凸线器和 2420 个线性函数，而相对应的组合凸线器却有 2962 个凸线器和 65567 个线性函数。

表 6-2　SAMA 与 SMA 在凸线器数量、线性函数总数及测试时间上的对比

数据集	凸线器数量		线性函数总数		测试时间/ms	
	SAMA	SMA	SAMA	SMA	SAMA	SMA
BRE	4	27	29	95	0.12	0.90
GER	3	146	280	1981	3.02	8.80
HEA	3	57	42	400	0.06	0.72
ION	1	56	30	462	0.21	0.90
MAG	10	2962	2420	65567	315.06	3453.50
MUS	1	133	120	5095	4.34	11.80
PAR	3	17	20	70	0.04	0.58
PIM	4	129	125	1111	0.38	2.50
SON	1	47	46	1026	0.29	1.10
MO1	2	18	31	155	0.12	0.40
MO2	2	62	58	406	0.22	1.00
MO3	2	25	29	129	0.11	1.00
SPE	1	37	39	861	0.25	1.00

　　简化的模型结构能够带来更快速的决策响应。在预测时间上，相比于 SMA，SAMA 具有非常明显的优势。例如，在 MAG 上，SAMA 执行测试需要花费约 315ms，而 SMA 在测试的过程中，所消耗的时间却超过 3453ms。

6.5.3　与 NNA 和 DTA 的对比实验

图 6-10 给出了 SAMA 和两个分片线性分类器（NNA 和 DTA）在分类精度上的对比。

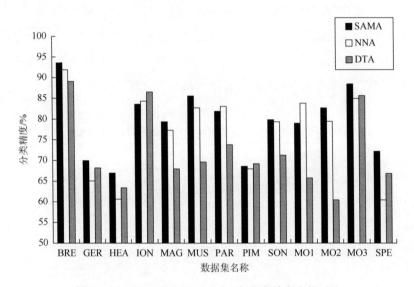

图 6-10　SAMA 和 NNA、DTA 在分类精度上的对比

从图 6-10 中可以看出，SAMA 在 10 个数据集上（除 ION、PAR、MO1 外），分类精度要高于 NNA，在另外的 3 个数据集上，略低于 NNA。在 SPE 上，取得最大的正差值 11.76%，在 MO1 上取得最大的负差值–4.86%。在与 DTA 的对比实验中，SAMA 在 11 个数据集上（除 ION、PIM 外）分类精度要高于 DTA。在 MO2 上取得最大的正差值 22.22%，在 ION 上取得最大的负差值–2.95%。通过与 NNA 和 DTA 这些传统的分片线性分类器相对比，说明 SAMA 设计的交错式组合凸线性感知器具有一定的性能优势。

6.5.4　在 n 维单位超球组上的实验

下面给出 SAMA 和 SMA、SVM 在 n 维单位超球组上的实验结果，用以说明维度对 SAMA 性能的影响。实验所用单位超球组与第 3 章描述一致。图 6-11 给出了使用不同算法得到的精度对比折线图。

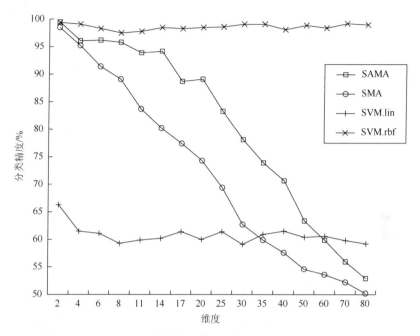

图 6-11 SAMA 和 SMA、SVM 在 n 维单位超球上的分类精度对比

从图 6-11 中可以看出,在每一个单位球上,SAMA 的分类精度要高于 SMA。但当 $n \approx 80$ 时,两者又表现出相近的趋势。通过本实验可以看出,SAMA 依然受到维度增加的影响,总体性能呈下降趋势,而 SVM 则相对稳定。

6.6 小 结

本章首先给出了一些定理及证明,这些定理涉及凸包、极大凸可分子集和交错式组合凸线器等核心内容。在这些定理的基础上,确立了一个新的设计分片线性分类器的通用框架。在此框架下,支持交错式组合凸线器算法(SAMA)被用来设计交错式组合凸线器。

交错式组合凸线器是一系列凸线器的集合,这些凸线器以交错的方式在一类样本的子集和另一类样本的极大凸可分子集之间设计得到。交错式组合凸线器能够分开任意两类有限非空不相交数据集。相比于 SMA 设计组合凸线器，在相同的数据集上，SAMA 设计交错式组合凸线器要花费更多的时间。但同时应该看到，交错式组合凸线器的分类精度通常要好于 SMA，并且具有更简单的模型结构，包含更少的凸线器和线性函数，因此在测试阶段执行更快。

从交错式组合凸线器的观点来说，尽管这种新的分片线性分类器的性能还达不到高斯核 SVM 的水平，但相比于组合凸线器，它通常有更好的分类表现，能够对未知样本作出迅速决策。交错式组合凸线器可能会令人感兴趣的地方在于，此框架提供了一个有意义的方法来设计分片线性分类器。更重要的是，它具有与组合凸线器框架完全不同的结构，这使得能够从另外的角度来看待分片线性分类器的设计问题。

参 考 文 献

[1] 汪云云. 结合先验知识的分类器设计研究[D]. 南京：南京航空航天大学，2012.

[2] 李晶皎，赵丽红，王爱侠. 模式识别[M]. 北京：电子工业出版社，2010.

[3] 边肇祺，张学工. 模式识别[M]. 2 版. 北京：清华大学出版社，2000.

[4] JAIN A K，DUIN R PW，MAO J. Statistical pattern recognition：a review[J]. IEEE transactions on pattern analysis and machine intelligence，2000，22（1）：4-37.

[5] THEODORIDIS S，KOUTROUMBAS K. Pattern Recognition[M]. 3rd ed. 李晶皎，等，译. 北京：电子工业出版社，2006：1-4.

[6] DUDA R O，HART P E，STORK D G. Pattern Classification[M]. 2nd ed. 李宏东，等，译. 北京：机械工业出版社，2012：7-15.

[7] 高阳，陈世福，陆鑫. 强化学习研究综述[J]. 自动化学报，2004，30（1）：86-100.

[8] CORTES C，VAPNIK V N. Support vector networks[J]. Machine learning，1995，20：273-297.

[9] VAPNIK V N. The nature of statistical learning theory[M]. New York：Springer-Verlag，1995.

[10] VAPNIK V N. Statistical learning theory[M]. New York：Wiley，1998.

[11] OSUNA E，FREUND R，GIROSI F. Training support vector machines：an application to face detection[C]. Proceedings of IEEE Computer Society Conference on Computer Vision and Pattern Recognition，San Juan，1997：130-136.

[12] PANG S，KIM D，BANG S Y. Face membership authentication using SVM classification tree generated by membership-based LLE data partition[J]. IEEE transactions on neural networks，2005，16（2）：436-446.

[13] SHIH P，LIU C. Face detection using discriminating feature analysis and support vector machine[J]. Pattern recognition，2006，39（2）：260-276.

[14] LIU Y H，CHEN Y T. Face recognition using total margin-based adaptive fuzzy support vector machines[J]. IEEE transactions on neural networks，2007，18（1）：178-192.

[15] KIM S K，PARK Y J，TOH K A，et al. SVM-based feature extraction for face recognition[J]. Pattern recognition，2010，43（8）：2871-2881.

[16] CAO X B，QIAO H，KEANE J. A low-cost pedestrian-detection system with a single optical camera[J]. IEEE Transactions on intelligent transportation systems，2008，9（1）：58-67.

[17] LABUSCH K，BARTH E，MARTINETZ T. Simple method for high-performance digit recognition based on sparse coding[J]. IEEE transactions on neural networks，2008，19（11）：1985-1989.

[18] JOACHIMS T. Text categorization with support vector machines：learning with many relevant features[M]. Berlin：Springer，1998：137-142.

[19] SHIN C S，KIM K I，PARK M H，et al. Support vector machine-based text detection in digital video[C]. Proceedings of the 2000 IEEE Signal Processing Society Workshop，Sydney，2000：634-641.

[20] MITRA V，WANG C J，BANERJEE S. A neuro-SVM model for text classification using latent semantic indexing[C]. Proceedings of 2005 IEEE International Joint Conference on Neural Networks，Montreal，2005：564-569.

[21] BROWN M P S，GRUNDY W N，LIN D，et al. Knowledge-based analysis of microarray gene expression data by using support vector machines[J]. Proceedings of the national academy of sciences，2000，97（1）：262-267.

[22] SEBALD D J，BUCKLEW J A. Support vector machine techniques for nonlinear equalization[J]. IEEE transactions on signal processing，2000，48（11）：3217-3226.

[23] NAVIA-VÁZQUEZ A，PÉREZ-CRUZ F，ARTES-RODRIGUEZ A，et al. Weighted least squares training of support vector classifiers leading to compact and adaptive schemes[J]. IEEE transactions on neural networks，2001，12（5）：1047-1059.

[24] EL-NAQA I，YANG Y，WERNICK M N，et al. A support vector machine approach for detection of microcalcifications[J]. IEEE transactions on medical imaging，2002，21（12）：1552-1563.

[25] PLATT J C. Fast training of support vector machines using sequential minimal optimization，advances in kernel methods[M]. Cambridge：MIT Press，1999：185-208.

[26] KEERTHI S S，SHEVADE S K，BHATTACHARYYA C，et al. Improvements to Platt's SMO algorithm for SVM classifier design[J]. Neural computation，2001，13（3）：637-649.

[27] DONG J，DEVROYE L，SUEN C Y. Fast SVM training algorithm with decomposition on very large data sets[J]. IEEE transactions on pattern analysis and machine intelligence，2005，27（4）：603-618.

[28] BORDES A，BOTTOU L，GALLINARI P. Sgd-qn：Careful quasi-newton stochastic gradient descent[J]. The journal of machine learning research，2009，10：1737-1754.

[29] SHALEV-SHWARTZ S，SINGER Y，SREBRO N. Pegasos：Primal estimated sub-gradient solver for SVM[C]. Proceedings of the 24th International Conference on Machine Learning，Corvallis，2007：807-814.

[30] CHAPELLE O. Training a support vector machine in the primal[J]. Neural computation，2007，

19（5）：1155-1178.

[31] FUNG G，MANGASARIAN O L. Multicategory proximal support vector machine classifiers[J].
     Machine learning，2005，59：77-97.

[32] MANGASARIAN O L，WILD E W. Multisurface proximal support vector classification via
     generalized eigenvalues[J]. IEEE transactions on pattern analysis and machine intelligence，
     2006，28（1）：69-74.

[33] KHEMCHANDANI R，CHANDRA S. Twin support vector machines for pattern classification[J].
     IEEE transactions on pattern analysis and machine intelligence，2007，29（5）：905-910.

[34] SUYKENS J A K，VANDEWALLE J. Least squares support vector machine classifiers[J].
     Neural processing letters，1999，9（3）：293-300.

[35] LIN K M，LIN C J. A study on reduced support vector machines[J]. IEEE transactions on neural
     networks，2003，14（6）：1449-1459.

[36] MANGASARIAN O L，MUSICANT D R. Lagrangian support vector machines[J]. Journal of
     machine learning research，2001，1（3）：161-177.

[37] TIPPING M E. Sparse Bayesian learning and the relevance vector machine[J]. Journal of
     machine learning research，2001，1（3）：211-244.

[38] CHEN H，TINO P，YAO X. Probabilistic classification vector machines[J]. IEEE transactions
     on neural networks，2009，20（6）：901-914.

[39] DOUMPOS M，ZOPOUNIDIS C，GOLFINOPOULOU V. Additive support vector machines
     for pattern classification[J]. IEEE transactions on systems，man，and cybernetics，part B：
     cybernetics，2007，37（3）：540-550.

[40] MULLER K，MIKA S，RATSCH G，et al. An introduction to kernel-based learning algorithms[J].
     IEEE transactions on neural networks，2001，12（2）：181-201.

[41] SHAWE-TAYLOR J，CRISTIANINI N. Kernel methods for pattern analysis[M]. Cambridge：
     Cambridge University Press，2004.

[42] SONNENBURG S，RÄTSCH G，SCHÄFER C. A general and efficient multiple kernel learning
     algorithm[C]. Proceedings of 2005 Annual Conference on Neural Information Processing
     Systems，Vancouver，2005：1273-1280.

[43] SONNENBURG S，RÄTSCH G，SCHÄFER C，et al. Large scale multiple kernel learning[J].
     Journal of machine learning research，2006，7：1531-1565.

[44] WANG Z，CHEN S，SUN T. MultiK-MHKS：a novel multiple kernel learning algorithm[J].
     IEEE transactions on pattern analysis and machine intelligence，2008，30（2）：348-353.

[45] PUJOL O，MASIP D. Geometry-based ensembles：toward a structural characterization of the
     classification boundary[J]. IEEE transactions on pattern analysis and machine intelligence，

2009，31（6）：1140-1146.

[46] WEBB D. Efficient piecewise linear classifiers and applications[D]. Ballarat: University of Ballarat，2010.

[47] KOSTIN A. A simple and fast multi-class piecewise linear pattern classifier[J]. Pattern recognition，2006，39（11）：1949-1962.

[48] SKLANSKY J，WASSEL G N. Pattern classifiers and trainable machines[M]. Berlin: Springer，1981.

[49] LI Y，LIU B，YANG X，et al. Multiconlitron: a general piecewise linear classifier[J]. IEEE transactions on neural networks，2011，22（2）：276-289.

[50] NILSSON N J. Learning machines[M]. New York: McGraw-Hill，1965.

[51] MEISEL W S. Computer oriented approaches to pattern recognition[M]. New York: Academic Press，1972.

[52] PERRONE M P. Improving regression estimation: averaging methods for variance reduction with extensions to general convex measure optimization[D]. Providence: Brown University，1993.

[53] KROGH A，VEDELSBY J. Neural network ensembles，cross validation，and active learning[C]. Proceedings of 1995 Annual Conference on Neural Information Processing Systems，Golden，1995：231-238.

[54] BREIMAN L. Bagging predictors[J]. Machine learning，1996，24（2）：123-140.

[55] SCHAPIRE R E. The strength of weak learnability[J]. Machine learning，1990，5（2）：197-227.

[56] FREUND Y. Boosting a weak learning algorithm by majority[J]. Information and computation，1995，121（2）：256-285.

[57] FREUND Y，SCHAPIRE R E. A decision-theoretic generalization of on-line learning and an application to boosting[J]. Journal of computer and system sciences，1997，55（1）：119-139.

[58] TRESP V. Committee machines[J]. Handbook for neural network signal processing，2001：1-18.

[59] 周志华，陈世福. 神经网络集成[J]. 计算机学报，2002，25（1）：1-8.

[60] JACOBS R A，JORDAN M I，NOWLAN S J，et al. Adaptive mixtures of local experts[J]. Neural computation，1991，3（1）：79-87.

[61] HANSEN L K，SALAMON P. Neural network ensembles[J]. IEEE transactions on pattern analysis and machine intelligence，1990，12（10）：993-1001.

[62] ZHOU Z H. Ensemble methods: foundations and algorithms[M]. Boca Raton: CRC Press，2012.

[63] VRIESENGA M，SKLANSKY J. Neural modeling of piecewise linear classifiers[C]. Proceedings

of the 13th International Conference on Pattern Recognition, Vienna, 1996: 281-285.

[64] MANGASARIAN O L. Multisurface method of pattern separation[J]. IEEE Transactions on Information Theory, 1968, 14（6）: 801-807.

[65] MANGASARIAN O L. Linear and nonlinear separation of patterns by linear programming[J]. Operations research, 1965, 13（3）: 444-452.

[66] MANGASARIAN O L, SETIONO R, WOLBERG W H. Pattern recognition via linear programming: theory and application to medical diagnosis[J]. Large-scale numerical optimization, 1990: 22-31.

[67] SMITH F W. Pattern classifier design by linear programming[J]. IEEE transactions on computers, 1968, 100（4）: 367-372.

[68] TAKIYAMA R. A learning procedure for multisurface method of pattern separation[J]. Pattern recognition, 1980, 12（2）: 75-82.

[69] HERMAN G T, YEUNG K T D. On piecewise-linear classification[J]. IEEE transactions on pattern analysis and machine intelligence, 1992, 14（7）: 782-786.

[70] BETTER M, GLOVER F, SAMORANI M. Classification by vertical and cutting multi-hyperplane decision tree induction[J]. Decision support systems, 2010, 48（3）: 430-436.

[71] KIM K, RYOO H S. Data separation via a finite number of discriminant functions: a global optimization approach[J]. Applied mathematics and computation, 2007, 190（1）: 476-489.

[72] KIM K, RYOO H S. Nonlinear separation of data via mixed 0-1 integer and linear programming[J]. Applied mathematics and computation, 2007, 193（1）: 183-196.

[73] NAKAYAMA H, KAGAKU N. Pattern classification by linear goal programming and its extensions[J]. Journal of global optimization, 1998, 12（2）: 111-126.

[74] OLADUNNI O O, SINGHAL G. Piecewise multi-classification support vector machines[C]. Proceedings of International Joint Conference on Neural Networks, Atlanta, 2009: 2323-2330.

[75] GARCÍA-PALOMARES U M, MANZANILLA-SALAZAR O. Novel linear programming approach for building a piecewise nonlinear binary classifier with a priori accuracy[J]. Decision support systems, 2012, 52（3）: 717-728.

[76] SKLANSKY J, MICHELOTTI L. Locally trained piecewise linear classifiers[J]. IEEE transactions on pattern analysis and machine intelligence, 1980, （2）: 101-111.

[77] FORGY E W. Cluster analysis of multivariate data: Efficiency versus interpretability of classifications[J]. Biometrics, 1965, 21: 768-769.

[78] MACQUEEN J. Some methods for classification and analysis of multivariate observations[C]. Proceedings of the Fifth Berkeley Symposium on Mathematical Statistics and Probability, Berkeley, 1967: 281-297.

[79] PARK Y, SKLANSKY J. Automated design of multiple-class piecewise linear classifiers[J]. Journal of classification, 1989, 6（1）: 195-222.

[80] TENMOTO H, KUDO M, SHIMBO M. Piecewise linear classifiers with an appropriate number of hyperplanes[J]. Pattern recognition, 1998, 31（11）: 1627-1634.

[81] GAI K, ZHANG C. Learning discriminative piecewise linear models with boundary points[C]. Proceedings of the 24th AAAI Conference on Artificial Intelligence, Atlanta, 2010: 444-450.

[82] CHAI B, HUANG T, ZHUANG X, et al. Piecewise linear classifiers using binary tree structure and genetic algorithm[J]. Pattern recognition, 1996, 29（11）: 1905-1917.

[83] KUMAR S, GHOSH J, CRAWFORD M. A hierarchical multiclassifier system for hyperspectral data analysis[C]. Proceedings of Multiple Classifier Systems: First International Workshop, Cagliari, 2000: 270.

[84] KUMAR S, GHOSH J, CRAWFORD M. Hierarchical fusion of multiple classifiers for hyperspectral data analysis[J]. Pattern analysis & applications, 2002, 5（2）: 210-220.

[85] WONG H S, CHEUNG K K T, CHIU C I, et al. Hierarchical multi-classifier system design based on evolutionary computation technique[J]. Multimedia tools and applications, 2007, 33（1）: 91-108.

[86] BREIMAN L, FRIEDMAN J, STONE C J, et al. Classification and regression trees[M]. Boca Raton: CRC Press, 1984.

[87] QUINLAN J R. C4. 5: Programs for machine learning[M]. San Francisco: Morgan Kaufmann Publishers, 1993.

[88] BAGIROV A M. Max-min separability[J]. Optimization methods and software, 2005, 20（2/3）: 277-296.

[89] BAGIROV A M, UGON J. Supervised data classification via max-min separability[C]//Continuous optimization: current trends and modern applications. Berlin: Springer, 2005: 175-207.

[90] BAGIROV A M, UGON J, WEBB D. An efficient algorithm for the incremental construction of a piecewise linear classifier[J]. Information systems, 2011, 36（4）: 782-790.

[91] BAGIROV A M, UGON J, WEBB D, et al. Classification through incremental max-min separability[J]. Pattern analysis and applications, 2011, 14（2）: 165-174.

[92] SHILTON A, PALANISWAMI M, RALPH D, et al. Incremental training of support vector machines[J]. IEEE transactions on neural networks, 2005, 16（1）: 114-131.

[93] WANG D, HONG Q, BO Z, et al. Online support vector machine based on convex hull vertices selection[J]. IEEE transactions on neural networks and learning systems, 2013, 24（4）: 593-609.

[94] VAPNIK V N. An overview of statistical learning theory[J]. IEEE transactions on neural

networks, 1999, 10 (5): 988-999.

[95] ANGUITA D, GHIO A, ONETO L, et al. In-sample and out-of-sample model selection and error estimation for support vector machines[J]. IEEE transactions on neural networks and learning systems, 2012, 23 (9): 1390-1406.

[96] BENNETT K P, BREDENSTEINER E J. Geometry in learning[C]. Geometry at Work, MAA, 2000: 132-148.

[97] SANCHETI N K, KEERTHI S S. Computation of certain measures of proximity between convex polytopes: a complexity viewpoint[C]. Proceedings of 1992 IEEE International Conference on Robotics and Automation, Nice, 1992: 2508-2513.

[98] 邓乃扬, 田英杰. 数据挖掘中的新方法——支持向量机[M]. 北京: 科学出版社, 2004.

[99] BENNETT K P, BREDENSTEINER E J. Duality and geometry in SVM classifiers [C]. Proceedings of the 17th International Conference on Machine Learning, Stanford, 2000: 57-64.

[100] KEERTHI S S, SHEVADE S K, BHATTACHARYYA C, et al. A fast iterative nearest point algorithm for support vector machine classifier design[J]. IEEE transactions on neural networks, 2000, (1): 124-136.

[101] 冷强奎, 李玉鑑. 使用 SK 算法设计组合凸线性感知器[J]. 计算机科学与探索, 2013, 7 (9): 831-837.

[102] ABDALLAH F, RICHARD C, LENGELLÉ R. An improved training algorithm for nonlinear kernel discriminants[J]. IEEE transactions on signal processing, 2004, 52 (10): 2798-2806.

[103] FRANK A, ASUNCION A. UCI machine learning repository[EB/OL]. http: //archive.ics.uci. edu/ml[2014-12-18].

[104] SARLE W S. Neural network FAQ[EB/OL]. ftp://ftp.sas.com/pub/neural/FAQ.html[2014-12-18].

[105] HSU C W, CHANG C C, LIN C J. A practical guide to support vector classification [EB/OL]. http://www.csie.ntu.edu.tw/~cjlin/papers/guide/guide.pdf [2014-12-8].

[106] FAN R E, CHANG K W, HSIEH C J, et al. LIBLINEAR: a library for large linear classification[J]. The journal of machine learning research, 2008, 9: 1871-1874.

[107] CHANG C C, LIN C J. LIBSVM: a library for support vector machines[J]. ACM transactions on intelligent systems and technology, 2011, 2 (3): 1-27.

[108] COVER T, HART P. Nearest neighbor pattern classification[J]. IEEE transactions on information theory, 1967, 13 (1): 21-27.

[109] FUKUNAGA K. Statistical pattern recognition[M]. Singapore: World Scientific Publishing Co. Inc., 1993: 33-60.

[110] FRIESS T T, HARRISON R F. Support vector neural networks: The kernel adatron with bias and soft margin[R]. Technical Report ACSE-TR-752, Sheffield, 1998.

[111] FRANC V，HLAVÁČ V. An iterative algorithm learning the maximal margin classifier[J]. Pattern recognition，2003，36（9）：1985-1996.

[112] HARTIGAN J A，WONG M A. A K-means clustering algorithm[J]. Applied statistics，1979，28（1）：100-108.

[113] Ho T K，Kleinberg E M. Building projectable classifiers of arbitrary complexity[C]. Proceedings of the 13th International Conference on Pattern Recognition，Vienna，1996：880-885.

结　束　语

组合凸线器及新设计方法在分类任务中具有不错的表现，为改善分片线性分类器的性能做出了有益的尝试。但它们仍存在一些不足之处，例如，在高维数据集上，仍然可能存在过拟合问题；分类性能与经典的高斯核支持向量机相比还有一定的差距。因此，对从事该方向的研究人员来说，还有如下工作需进一步发展和完善。

（1）提高分片线性分类器对高维数据的适应能力。

本书分别给出了各种设计方法在 n 维单位超球组上的分类实验，结果表明，随着维度的升高，分类性能呈下降趋势。提高分类器对高维数据的适应能力，是以后工作需要开展的一个方向。或许由于分片线性分类器自身的特殊性，在应付维度问题上可能永远也达不到非线性支持向量机的水平，但可以从另外的角度来考虑这个问题，即在研究新的设计方法的同时，结合一些行之有效的降维技术（如深度学习），通过显著降低数据的维度来增加分类器的适应能力，这样就可以从两个相对的方向向最终的目标靠近。

（2）提升分片线性分类器的训练速度。

本书所述方法在设计分片线性分类器时训练速度还有待提高。以交错式组合凸线器为例，在设计过程中需要计算大量的点到凸包的距离，这使得训练速度很慢。值得考虑的是，能否找到一种快速算法，在保证距离精度的情况下，显著提高计算速度，从而在整体上加速分类器的生成。另外，交错式组合凸线器中使用了极大凸可分子集的概念，以当前算法判断一个点是否属于极大凸可分子集也相当耗费时间，这也要求找到快速的方式或近似算法来确定样本的归属。

（3）向适合的应用领域推广问题。

本书只给出了各方法在标准数据集上的实验，而没有针对某一特定领域进行实际应用推广。这是因为，到目前为止，还没有找到一个合适的应用领域，使本书所提方法具有特别的优势。考虑到这些分类器的特点，都是将一类数据进行凸区域包裹，因此希望在以后的工作中能够找到一种强调正类分类重要性的领域来进行实践。例如，在医学领域中，可将未患病或病情无恶化的情况定义为正类，然后利用一些非射线探测的特征来代替射线检查，然后使用本书所提方法进行分类决策。这样做的好处是，决策为正类的样本（指人）不需要再做射线检查，从而减少因辐射而受到的身体损伤。但目前最大的困难在于没有相关的数据，同时需要交叉学科的背景，这无疑增加了应用推广的难度。

无论如何，组合凸线器框架提供了一种有意义的方法来设计分片线性分类器，为我们理解该型分类器的本质提供了帮助，并能够对分片线性学习的发展产生积极的推动作用。组合凸线器表现出来的缺点和局限性为后续研究提供了丰富的科学问题，对这些问题的解决将产生更多的研究成果。